과학의
미래가
여성이라면

과학의 미래가 여성이라면

MZ세대가 꿈꾸는 STEM이야기

초판 1쇄 인쇄 2022년 9월1일
초판 1쇄 발행 2022년 9월 7일

지은이 자라 스톤
옮긴이 정아영
펴낸이 이영선
책임편집 김영아

편집 이일규 김선정 김문정 김종훈 이민재 김영아 이현정 차소영
디자인 김회량 위수연
독자본부 김일신 정혜영 김연수 김민수 박정래 손미경 김동욱

펴낸곳 서해문집 | 출판등록 1989년 3월 16일(제406-2005-000047호)
주소 경기도 파주시 광인사길 217(파주출판도시)
전화 (031)955-7470 | 팩스 (031)955-7469
홈페이지 www.booksea.co.kr | 이메일 shmj21@hanmail.net

ISBN 979-11-92085-58-6 42400

MZ세대가 꿈꾸는
STEM이야기

자라 스톤 지음
정아영 옮김

서해문집

일러두기

본문의 모든 주는 독자의 이해를 돕기 위해 옮긴이가 단 것입니다.

# 차례

# 들어가는 말

오래전부터 수많은 여성이 거침없는 도전 정신으로 과학과 기술 분야의 진보를 이끌며 세상을 바꿔왔다. 그리고 오늘날, 마침내 이들은 제대로 된 인정을 받고 있다. **#신난다**

미국 샌프란시스코의 과학자 에토샤 케이브(Etosha Cave)는 29살에 공기 중의 이산화탄소를 빨아들여 쓸모 있는 플라스틱과 연료로 바꾸는 기계를 발명했다. (본문 4장에서 자세히 알 수 있습니다.) 캐나다 벌링턴의 17살 리야 카루만치(Riya Karumanchi)는 컴퓨터 비전(computer vision, 사람이나 동물 시각 체계의 기능을 컴퓨터로 구현하는 것), 햅틱(Haptic, 컴퓨터 기능 가운데 키보드와 마우스, 터치스크린 등을 통해 촉각과 힘, 운동감 등을 느끼게 하는 기술),

GPS 기술을 이용해 시각 장애인이 장애물을 피할 수 있도록 보조하는 장치인 스마트케인(SmartCane)을 만들었다. 스마트케인은 진동을 통해 방향도 알려준다. 미국 코네티컷주에서는 애슐리 칼리나우스카스(Ashley Kalinauskas)가 29살 때 토리젠(Torigen)을 설립하고 개를 위한 효과적인 암 백신을 개발했다. 그리고 애슐리의 헌신 덕분에 수백 마리의 강아지가 목숨을 구했다. 지금도 세계의 멋진 여성 목록은 계속해서 길어지고 있다. 이 과학자와 공학자 들은 흑인, 퀴어, 아시아인, 장애인, 라틴인, 백인이다.

이러한 여성이 더 많아지면 좋겠다.

현재 과학과 공학 분야에서 박사 학위를 취득하는 라틴계 여성은 4퍼센트 미만, 흑인 여성은 3퍼센트 미만이다. 공학, 물리학, 또는 컴퓨터 공학 학사 과정을 밟는 여성은 전체의 20퍼센트가량이지만, 이후 11퍼센트만이 STEM(Science·Technology·Engineering·Math의 줄임말로, 과학·기술·공학·수학을 일컫는다) 분야에서 일한다.

여기에는 암묵적 편견, 성차별 그리고 여자아이에게는 브랏츠 인형, 남자아이에게는 레고 세트를 권하는 문화가 한몫

했다고 본다. 백인 남성으로 가득한 역사책은 여성이 남성만큼 중요하거나 똑똑하지 않다고 암시한다. 뉴스는 새롭고 놀라운 과학 기술과 관련 스타트업 소식을 끊임없이 전하는데, 전 세계의 에반 스피겔, 일론 머스크, 마크 저커버그 같은 인물에게만 초점이 맞춰진 경향이 있다. 간혹 언급되는 여성 CEO는 패션이나 뷰티 사업을 하는 여성이 비일비재하다.

우리는 세상의 에토샤, 리야, 애슐리에 대해 알아야 한다.

여러분처럼 보이고, 여러분처럼 말하고, 그러면서 훌륭한 일을 하고 있는 인물을 더 많이 알수록 여러분도 그 일을 해낼 수 있다는 믿음이 커질 것이다. 나는 여성, 젠더 비순응(gender-nonconforming, 규범화된 젠더 역할 및 표현 방식을 따르지 않는 사람), 논바이너리(nonbinary, 남성 또는 여성이라는 이분법적 구분에서 벗어난 성 정체성을 지닌 사람) 정체성을 지닌 모든 이에게 세상에는 우리와 비슷한 문제를 겪은 다른 사람이 있다는 사실과 그들이 어떻게 이 문제에 휘둘리지 않고 앞으로 나아갈 수 있었는지 알리기 위해 이 책을 썼다.

## 왜 이 여성들에 대해
## 알아야 할까?

2007년에 나는 영국의 한 남성 잡지사에서 인턴으로 일했다. 유명 인사, 빠른 차, 최신 전자 기기를 주로 다루는 잡지였다. 경쟁률이 꽤 치열한 인턴십이었으므로 채용됐을 때 무척 기뻤다. 그때 나는 저널리스트로 성공하겠다는 열의로 가득했다. 저널리스트는 세상을 배우며 사람들의 이야기를 전하는 둘도 없이 멋진 직업이라고 생각했다. 사무실에 여성은 두 사람이었고, 그중 하나가 나였다.

나는 흔히들 성공하려면 해야 한다고 하는 모든 걸 했다. 한 시간 일찍 출근해 늦게 퇴근하고, 복사부터 문서 작성까지 회사에서 시키는 일은 어느 것 하나 거절하지 않고 전부 다 했다. 나는 사무실의 에너지에 푹 빠져 있었다. 그러던 어느 날, 유명 전자 제품 브랜드의 물건들이 사무실로 배달됐다. 제품의 가짓수가 너무 많아서 50대 백인 남성 편집장은 전 직원이 하나씩 리뷰를 맡기를 바랐고, 거기에는 나도 포함됐다. 헤드셋, 카메라, 피트니스 트래커(fitness tracker) 등 정말 다양한 제품이 있었다. 어떤 제품을 살펴보고 싶냐는 편집장의 질문에 나는 카메라라고 답했다. 그랬더니 그가 눈살을 찌푸렸다. "전동 칫솔이랑 헤어드라이어도 있는데요? 내 생각엔 그쪽이 더 나을 것 같은데."

나는 열심히 고개를 끄덕였다. 앞서 말했다시피 나는 '최고의 인턴'이 되는 게 목표였으니까. 그렇게 전동 칫솔을 가지고 집으로 돌아왔다. 일주일 후 나는 내가 봐도 기막힌 리뷰를 제출했고, 내 리뷰는 잡지에 기사로 실렸다. 그러자 이번에는 헤어 스트레이트너 리뷰 임무가 주어졌다. 그다음은 스마트 체중계와 분홍색 노트북이었다. 기술에 대해 배우는 것은 좋았지만, 틀에 갇히는 것은 싫었다.

그 편집장은 쉽사리 잊히지 않는다. 그는 진심으로 그 제품들이 나에게 딱이라고 생각했던 것일지도 모른다. 여성이므로 무조건 분홍색 기기를 쥐어주려는 태도가 성차별적이며 여성 비하적이라는 것을 미처 몰랐을지도 모른다. 하지만 아무리 이렇게 이해해보려 해도 그 때문에 사무실에서 내가 할 수 있는 일과 나를 대하는 다른 직원들의 태도가 달라졌던 것이 사실이고, 이것은 지금도 쓰라린 기억이다. 편집장의 미묘한 차별(microaggression)은 내게 응어리로 남았다.

이후 나는 문화와 기술, 과학의 교차점에 초점을 맞춰 저널리즘 분야에서 훌륭한 경력을 쌓았다. ABC 뉴스에서 방송기자로 일하고 《워싱턴포스트》, 《더아틀란틱》, 《와이어드》, BBC 등에 기사를 실었다. 또 스티브 워즈니악, DJ 티에스토, 캣 딜리, 영국 팝 걸그룹 스파이스 걸스의 엠마 번튼, 《왓치맨Watchmen》(1986)의 그림을 그린 데이브 기번스, 소방관, 여성 수영 선수 들을 인터뷰했다. 나는 인턴 때의 경험에도 불구하고 지금에 이른 것이지, 그 경험 덕분에 지금에 이른 것이 아니다.

비슷한 종류의 미묘한 차별은 지금도 벌어지고 있다. 미국 전역에서 STEM에 관심이 있는 중2 여학생은 남학생의 절반이다. 고등학교가 끝날 때쯤, 이 수치는 15퍼센트로 떨어진다. 달가운 일이 아니다. 세상은 갈수록 과학 기술을 중심으로 돌아가고 있으며, 여성도 이 세상을 만드는 데 참여해야 한다. 그렇지 않으면 어떤 세상이 펼쳐질지에 대한 발언권을 얻을 수 없을 것이다.

## 이 책의 포인트

이 책의 각 장에는 기후 변화에서부터 직업의 미래에 이르기까지 세상의 온갖 문제와 그 문제를 해결하기 위해 애쓰고 있는 여성 과학자들이 나온다. 이 여성 과학자들이 어떻게 지금의 자리에 이르렀는지, 그 과정에서 어떤 도전을 맞닥뜨렸고 이겨냈는지 알 수 있을 것이다.

또 이 책은 최근 진행되고 있는 가장 흥미롭고 멋진 과학기술 프로젝트를 소개한다. 모두 관성에 맞서 이의를 제기한 거침없는 여성들이 개척한 것들이다. 이들은 해결해야 하는 문제를 발견하고 답을 찾아 나서기를 주저하지 않았다.

다양한 여성이 저마다의 여정을 걷게 된 복잡하고 경이로운 이야기를, 계속해서 답을 얻기 위해 노력을 멈추지 않고 있는 그들의 입장에서 살펴볼 것이다. 뛰어난 업적도 업적이지만, 이 놀라운 여성들이 남성들이 망쳐놓은 세상을 바로잡기 위해 달리느라 겪어야 했던 일상의 드라마, 눈물, 모험을 만나보자.

이 책이 여러분을 과학자로 변신시켜주지는 않을 것이다.

이 책은 여러분을 차세대 스티브 잡스, 빌 게이츠, 셰릴 샌드버그, 그레타 툰베리로 만들어줄 수는 없다. 하지만 이 책은 생각보다 훨씬 많은 여성이 과학과 기술 분야에서 활동 중이며, 호그와트에서 슬쩍해온 것이 아닌가 싶을 정도로 굉장한 프로젝트에 관여하고 있다는 사실을 여러분에게 알려줄 것이다. **#끝내줌 #블랙걸매직**

비욘세의 노래에는 이런 가사가 나온다. "세상을 이끄는 건 누구? 걸스! 걸스!"*

여러분이 이끌어갈 세상의 변화가 몹시 기대된다.

* 〈Run the World(Girls)〉(비욘세 Beyoncé, 2011)

1장

# 틀을 깨는 것은 여성에게 좋은 기운을 준다

## 젠더의 벽을 허문 코딩

프리 왈리아(Pree Walia)의 손톱은 정말 멋지다. 그리고 프리 자신도 그 사실을 잘 아는 것 같다. 오늘 프리의 손톱에는 피자 모양 이모지, 똥 모양 이모지, 그리고 프리가 사무실 마스코트로 삼은 털이 복슬복슬한 갈색 쉽독, 매버릭의 모습이 담긴 투명한 그림이 올라가 있다. "제 감성이 소녀 감성이라." 프리는 허리까지 오는 갈색 곱슬머리를 한쪽 귀 뒤로 넘기며 말했다.

우리는 2019년 11월, 프리가 일하고 있는 실리콘 밸리의 협업 센터 스타 스페이스(Star Space)에서 만났다. 프리가 일하는 공간에 들어서자 꼭 C2B(미국의 가구 회사)의 카탈로그 속을 거니는 듯한 느낌이었다. 파스텔 톤의 색상, 벨벳 소파, 행잉 체어까지. "저희 영상에 나오는 곳이 바로 이곳이에요."(프리) 정말이지 회사 홍보 영상 배경으로 삼기에 손색이 없는 곳이었다.

프리의 소셜 미디어 계정을 보면 아름다운 일몰이나 해외여행 모습 등 그녀가 보낸 즐거운 시간이 담긴 사진이 가득하다. 예쁜 드레스를 입고 친구들과 화이트 걸 로제 와인을 마시는 사진도 있다. 패션과 뷰티를 사랑하는 프리는 파타고니아 플리스 조끼와 언뜻 청바지처럼 보이는 트레이닝 바지, 올버즈 운동화로 무장한 기술 전문가들 사이에서 단연 돋보인다. 프리는 여성이라는 점에서도 눈에 띈다. 실리콘 밸리의 기술 관련 기업들은 직원의 80퍼센트가 남성이다.

실리콘 밸리에서 뷰티 스타트업을 찾기란 하늘의 별 따기다. 누가 봐도 빤히 기술 관련 사업인 뷰티 사업일지라도 마찬가지다. 애초 계획을 세우고 뷰티업계에 뛰어든 것은 아니지만, 지난 5년간 프리의 세상은 뷰티, 특히 네일 아트로 가득 차 있었다.

프리의 손톱에 있는 익살스러운 피자와 강아지 이모지는

네일 아티스트가 그려준 것도 그녀가 직접 그린 것도 아니다. 그녀의 맵시 있는 손톱은 바로 네일봇(Nailbot), 즉 손톱에 네일 아트를 해주는 휴대용 프린터의 작품이다. 디자인은 스마트폰 애플리케이션을 통해 고르면 된다. 프리는 자신이 뭘 좋아하는지 잘 안다. 그녀는 프렌치 팁, 글리터, 줄무늬, 기하학무늬, 젤 네일 등, 어릴 때부터 잡지에서 본 형형색색의 네일 아트를 전부 다 해 봤다. "저는 여성스러운 걸 좋아해요. 이때의 여성성이란 사회적으로 구성된 의미라고 봐야 하긴 하지만요. 저는 머리하는 것도 좋아하고, 네일 아트도 좋아해요. 스파도 즐기고요. 기분이 좋아지니까요."(프리)

변화를 만들어내는 것은 프리의 또 다른 기분 좋은 일이다. 그래서 그녀는 네일봇을 첫 제품으로 프리마돈나(Preema-donna)라는 회사를 설립했다.

맞다, 물론 아름다운 손톱이 여러분을 백악관으로 데려다 주지는 않을 것이다(설령 도움이 되더라도, 미미한 수준일 것이다). 그러나 네일봇을 보고 드는 생각이 그뿐이라면, 사고의 반경을 넓힐 필요가 있다.

"프리마돈나는 더 큰 비전을 갖고 있어요. 네일 아트를 통해 코딩하는 방법을 배울 수는 없을까요?"(프리) 그녀는 네일봇을 STEAM(Science·Technology·Engineering·Art·Math, 즉 과학·기술·공학·예술·수학) 분야로 나아가는 디딤돌이라고 생각한다. "이 제품은 본질적으로 예술, 해킹, 코딩, 프로그래밍 등 더욱 심도 있는 활동을 위한 수단이라고 할 수 있어요."(프리) 와우!

즉 네일봇이 있으면 손톱을 예쁘게 꾸밀 수 있는데, 그건 시작에 불과하다는 뜻이다. 터치스크린 프린터를 제작하는 방법과 네일 디자인을 코딩하는 방법을 알게 되면 인생의 선택지가 많아질 것이다. 네일봇이 기술에 흥미가 있는 남성, 여성, 논바이너리, 트랜스 정체성의 사람들을 끌어들인다. 그러고 나면 이들에게 STEM 분야와 7~10살 여자아이들에게 3D 프린팅과 STEM을 가르치는 메이커걸(MakerGirl) 프로그램을 소개하는 것이 프리의 계획이다.

## 왜 이런 것들을 알아야 할까?

좋든 싫든 현재 세상은 코드에 따라 돌아간다. 신호등이 빨

간불에서 초록불로 바뀌고, 식품이 밭에서 우리 식탁까지 오고, 의료용 로봇이 침습 수술을 수없이 할 수 있는 것은 모두 코딩이 있기 때문이다. 상점이 어떤 옷을 재입고할지 결정하고, 학교가 학생의 성적을 평가하는 일도 코딩을 바탕으로 이루어진다.

그런데 이 코드들은 대부분 남성이 작성한 것이다. 2018년, 오늘날 세상을 움직이고 있는 두 기업, 구글과 페이스북의 전 세계 기술 관련 직원 중 여성은 21퍼센트다. 그나마 나아진 것으로, 2014년 페이스북에서 이 수치는 15퍼센트였다. 유색 인종 여성의 경우 상황이 더욱 심각하다. 2018년 구글의 여성 기술 인력 중 흑인과 히스패닉은 각각 0.8퍼센트, 1.4퍼센트에 불과했다. 페이스북은 전체 기술 인력에서 흑인과 히스패닉이 차지하는 비율이 각각 1.3퍼센트, 3.1퍼센트에 그쳐, 성별에 따른 통계는 내놓지도 않았다.

기술 분야에서 일하는 것은 세상을 움직이는 코드를 작성하는 일 이상이다. 코더들은 높은 급여를 받고 상당한 특혜와 권력을 누린다. 이들은 세계 질서에서 중요한 위치를 차지한다. 그래서 관련 직종에 종사하는 여성이 적으면 적을수록 여성의 중요성이 낮아 보인다.

물론, 이전에 여성은 집에 머물고 남성만 일하러 나갔다. 그러나 그건 사람들이 천연두와 소아마비에 걸리던 옛날의 이야기다!

현재 학교 대부분이 코딩을 비롯한 특별 수업을 제공하고 있어 젠더와 상관없이 누구나 관련 기술을 접할 수 있다. 필수 과목으로 지정한 학교도 적지 않아 자바(Java) 입문 수업을 통과하지 못하면 재수강을 해야 한다. 굉장한 일이다. 그렇지만 대다수가 학교에서 코딩을 배우게 된 상황이라고 해서, 이들이 집에서도 코딩 활동을 하는 것은 아니다.

한 연구에 따르면 학교에서 코딩을 배운 남학생의 40퍼센트가 집에서도 취미로 코딩을 하지만, 여학생의 경우 5퍼센트라고 한다.

이러한 현상이 나타나는 이유 중 하나는 코딩을 할 수 있는 콘텐츠의 특성 때문이다. 모든 여자아이가 스타워즈나 배트맨 완구를 가지고 놀고 싶어 하지는 않는다. 좋아하는 아이도 있겠지만, 좋아하지 않는 아이도 있다. 골디블락스(Goldie-Blox)(뒤에서 더 자세히 다루려 한다)처럼 모든 여자아이가 거

쳐 가는 코딩 완구들이 있기는 하지만, 뷰티 관점을 코딩으로 접목한 완구는 없다. 이러한 차에 네일봇이 등장한 것이다.

✧

어릴 때 프리는 늘 정치인을 꿈꿨다. 프리는 미국 남부 뉴올리언스에서 태어난 뒤, 9살 때 미시시피주 매디슨 지역으로 이사했다. 어디에 살 때든 그녀는 토론 프로그램이 방영되기만 하면 TV 앞에 최대한 가까이 자리를 잡고 앉아 처음부터 끝까지 빠짐없이 시청했다.

프리의 오랜 기억 속에는 아버지와 함께 TV 토론을 보던 추억이 있다. 아버지는 정치인의 발언을 들으며 흥분하기도 했다. 아버지는 미국을 사랑했고, 그 사랑에는 이민자만 가질 수 있는 열정이 담겨 있었다. 프리의 아버지는 1960년대에 전쟁이 계속되던 인도를 떠나, 안전을 보장받으며 더 나은 삶을 꾸리기 위해 미국으로 왔다.

미국은 프리의 아버지가 바라던 모든 것이었다. 그는 유명한 회사에서 전기 엔지니어로 일했고, 프리의 어머니는 배스킨라빈스(프리의 추천은 골드 메달 리본 맛이다)부터 귀금속 브랜드까지 여러 프랜차이즈 점포를 성공적으로 운영했다. 아버지는 프리에게 이 나라에서는 뭐든 할 수 있고, 뭐든 될 수 있다고 말했다. 한마디로 미국은 기회의 땅이었다!

'나는 커서 상원 의원이 될지도 몰라.' 프리는 생각했다. '어쩌면 대통령이 될 수도 있고!' 프리는 학교에서 스피치와 토론 수업을 듣고, 미국 남부 억양이 흔적도 남지 않을 때까지 영어 발음을 연습했다. 학생회에 참여하고, 교내 자선 운동을 조직하기도 했다. 프리는 사람들을 모아 더 큰 목적을 위해 함께 노력하는 것을 좋아했고 일을 성공적으로 마무리했을 때 찾아오는 희열을 좇았다. 성취감은 중독성이 있었다. 고등학생 때는 미시시피주 국무부에서 인턴으로 일하며 구호 사업의 집행을 도왔다.

"저는 정치 과정이 너무 재미있었어요."(프리) 그런데 프리는 책임자가 되는 것이 자신의 목표는 아니라는 사실을 깨달았다. "학생회를 이끌든, 대통령 선거에 출마하든, 사업가가 되든, 미래에 대한 비전이 있는가가 중요하죠."(프리)

프리는 두 언니와 함께, 그리고 가끔은 남동생도 함께 어머니의 일을 도왔다. 수많은 저녁 시간을 동네 어린이에게

아이스크림을 퍼주며 보냈다. 그러면서 그 아이들이 하는 말을 유심히 들었다. 너무나도 다양한 아이들이, 너무나도 다양한 걸 원하고 있었다. 세상은 무척 커다랬고, 그녀가 할 수 있는 일은 셀 수 없이 많았다.

고등학교를 졸업한 뒤, 프리는 노스웨스턴 대학에서 역사학을 전공하고 젠더학을 부전공했다. 대학 생활은 굉장했다. 프리는 여학생 클럽에 참여하고, 평생 친구를 사귀고, 어른이 된 기분을 만끽했다.

하지만 프리는 자신이 정치를 멀리할 수 없다는 것을 느꼈다. 그래서 2003년에 존 케리 의원의 대선 캠프에 지원했고(스포일러: 떨어졌다), 2004년에 대학을 졸업한 뒤에는 캠페인 코어(Campaign Corps)에서 일을 시작했다. 캠페인 코어는 공직 출마 여성을 후원하는 조직인 에밀리스 리스트(Emily's List)에서 운영하는 활동가 양성 아카데미로, 티치 포 아메리카(Teach for America, 대학 졸업생들이 일정 기간 교원 훈련을 받고, 교육 낙후 지역에서 교사 활동을 할 수 있도록 지원하는 비영리 프로그램이다)와 비슷하게 대학을 갓 나온 청년을 대상으로 하는 곳이었다. 프리는 선거 캠프에서 일하는 방법을 익힌 뒤, 애리조나

주 하원 선거 캠프에 투입됐다. 그리고 이어서 워싱턴에서 당시 낸시 펠로시(Nancy Pelosi, 미국 첫 여성 하원의장)가 이끌던 민주당 하원 선거위원회(Democratic Congressional Campaign Committee, DCCC)에서 일했다. 다음으로는 캘리포니아로 가 주지사 예비 선거 운동을 했다. 이때 프리는 24살이었다.

프리는 여전히 진로의 갈피를 잡지 못한 채, 어느 정도 방향성을 추리고자 경영 대학원에 진학했다. 컨설팅 분야는 어떨까? 다양한 접근이 가능한 데다 많은 사람에게 영향을 미칠 수 있는 일인 것 같았다. 이후 프리는 이름 있는 회사들에 지원했으나, 차례차례 낙방했다. "저의 유별난 이력과 넘치는 에너지가 그 회사들과 어울리지 않았던 것이라고 생각해요."(프리) 아이스크림과 정치 운동 부문에서 경력을 쌓고 역사를 전공한 컨설팅 업무 희망자라고? 채용 담당자는 혼란스러웠을 것이다. 프리는 낙담했지만, 이내 새로운 계획을 세웠다. 그리고 자신에게는 빠르게 돌아가는 다이내믹한 직장이 잘 맞겠다는 데에 생각이 미친다. '스타트업에서 일하는 건 어떨까?'

그렇게 해서 2009년, 프리는 샌프란시스코 베이 에어리어

의 LED 조명 시스템 개발 전문 스타트업에 파트타이머로 입사한다. 연결 기술과 전구 색상 전환 기술 개발을 중점적으로 추진하는 회사였다. 당시 프리는 팀에서 유일한 여성이었다. 그러나 프리를 둘러싼 세상은 변화하고 있었다. 프리가 퇴사할 때쯤엔 이 회사 직원의 5분의 1이 여성이었다.

✧

기술 부문의 지형은 다른 면모에서도 변하고 있었다. 2011년, 샌프란시스코의 어느 브랜딩 기업에서 디자이너로 일하던 28살의 데비 스털링(Debbie Stirling)은 친구들과 브런치를 먹다가 영감을 얻는다. 어린 시절 가지고 놀았던 장난감을 화제로 이야기꽃이 폈는데, 한 친구가 자신은 여자아이라고 부모님이 레고를 사주지 않아 늘 남동생의 레고를 빌려야 했다며 불만을 토로했다. 데비도 잘 아는 기분이었다. 데비는 로드아일랜드주에서 '엔지니어링'은 지루하고 두려운 것이라는 생각을 가지고 자랐다. 데비의 부모는 데비가 배우로 성장하길 바랐다. 언제나 바비 인형을 사주고, 레고는 한번도 사주지 않았다. 데비는 엔지니어링은 당연히 남자아이를 위한 것인 줄 알았다. “완전히 잘못된 생각이었어요!” 조립 장난감을 가져본 적은 없지만, 데비는 어느 선생님을 만나 과학에 눈을 떴고, 엔지니어링 및 제품 디자인 전공으로 스탠퍼드 대학을 졸업했다. “저는 여자아이들이 장난감을 통해 STEM에 관심을 갖게 하고 싶다는 생각에 사로잡혔죠.” 데비가 한 인터뷰에서 한 말이다.

이후 9개월에 걸쳐 데비는 퇴근 후 아이들의 두뇌가 어떻게 발달하는지, 그리고 다양한 젠더들이 저마다 어떤 학습법을 선호하는지에 대해 조사와 연구를 거듭했다. “그러다 스토리텔링과 조립을 결합하면 여자아이의 관심을 이끌어낼 수 있겠다, 하는 아이디어가 번뜩 찾아왔어요.” 데비는 남자아이는 공간 능력이 뛰어난 한편(이들이 레고를 굉장히 좋아하는 이유 중 하나다), 여자아이는 언어 능력이 뛰어나다는 데 착안했다. 여자아이는 캐릭터와 이야기를 더없이 좋아한다.

데비는 골디블락스라고 이름 붙인 회사를 설립하고, 5~9살을 겨냥해 책이 포함된 조립 세트를 만들었다. 책의 주인공은 이제 막 십대가 된 금발의 발명가 골디(Goldie)로, 보랏빛

오버올을 즐겨 입고 각종 물건을 분해해보는 것을 좋아하는 캐릭터였다.

골디는 문제가 생길 때마다 문제를 해결할 수 있는 기계를 만든다. 아이들은 골디의 모험을 따라가며 골디가 만드는 기계를 자신도 만들어보고, 자연스럽게 공학의 기본 원리를 체득할 수 있었다. 데비는 밝고, 생생하고, 재미있는 색상들로 완구를 제작했다. 분홍색도 들어가 있지만, 분홍색으로 도배하지는 않았다. 골디 다음으로는 코딩 천재 아프리카계 미국인 루비 레일스(Ruby Rails)를 만들었다.

데비는 기대에 부푼 가슴을 안고 미국에서 가장 큰 완구 박람회인 뉴욕 토이 페어(New York Toy Fair)에 시제품을 내놓았다. 그러나 아무도 관심을 보이지 않았다. "그곳에서 저는 장난감을 갖고 노는 패턴은 선천적인 것이라는 충고까지 들었어요. 원래가 여자아이는 인형을 좋아하고, 남자아이는 조립을 좋아한다는 거예요." 대의는 훌륭하지만 절대 주류 장난감이 될 수는 없다는 뜻이었다. 데비는 동의할 수 없었다. "저는 이러한 믿음이 분명히 바뀌어야 하는, 시대에 뒤떨어진 고정 관념이라고 생각했어요."

데비는 멈추지 않았다. 프로젝트에 확신이 있었으므로 자신이 그때까지 모은 돈을 모두 투자했다. 그녀는 킥스타터(Kickstarter, 크라우드 펀딩 플랫폼)로 눈을 돌렸다. 그리고 이렇게 썼다. "레고나 이렉터(Erector) 조립 세트가 남자아이에게 어릴 때부터 공학에 흥미를 갖고 기술을 익히도록 자극하는 것처럼, 골디블락스는 여자아이에게 자극이 될 수 있어요. 이제 여자아이들이 우리의 미래를 건설할 수 있도록 동기를 부여하는 데 힘쓸 때입니다."

데비는 킥스타터 후원인에게 '공주 말고도 되고 싶은 게 많다(more than just a princess)'라고 적힌 노랑 티셔츠를 제공했는데, 알파벳 'o' 자리에는 'o' 대신 톱니바퀴 그림을 넣었다. 그리고 그녀가 제작한 영상이 입소문을 타면서 그녀가 이미 알고 있던 사실, 즉 아이들은 골디블락스 같은 장난감을 원하고 있었다는 사실을 입증한다. 2014년, 골디블락스는 슈퍼볼 기간에 광고를 송출했으며, 2019년에는 4천만 달러 이상의 기업 가치를 인정받았다. 지각에 변동을 일으킨 여성 사업가는 데비뿐만이 아니다.

2014년에는 오랜 친구인 공학자 사라 칩스(Sara Chipps)와

패션계 구루 브룩 모어랜드(Brooke Moreland)가 힘을 합쳤다. 여자아이들에게 코딩을 가르쳐줄 수 있는 플라스틱 우정 팔찌, 주얼봇(Jewelbots)을 개발한 것이다. 주얼봇 팔찌에는 꽃 모양 장식이 달려 있는데, 이 꽃 부분은 온갖 프로그래밍이 가능하다. 예를 들어, 친구 브라이어니가 근처에 오면 진동이 울리도록 하거나, 블루투스로 친구 마지를 인식하면 꽃의 색상이 바뀌게 할 수 있다. 친구에게 비밀 메시지를 보낼 수도 있고, 오픈 소스 애플리케이션을 이용하면 수업 시간표를 저장하거나 도움이 필요할 때 부모에게 문자 메시지를 발송하도록 하는 등, 자신만의 프로그램을 만들 수도 있다. "여자아이들은 일차원적이지 않아요." 칩스는 기자들에게 말했다. "저희는 여자아이에게 자신이 좋아하는 것을 바탕으로 기술과 그 밖의 모든 것에 접근할 수 있다는 걸 보여주고 싶습니다."

두 사람의 공학도, 23살 앨리스 브룩스(Alice Brooks)와 25살 베티나 첸(Bettina Chen)이 만든 루미네이트(Roominate)도 있다. 이들은 기존 인형의 집을 새로운 관점에서 바라봤고, 아이들이 인형의 집을 스스로 만들면 좋겠다고 생각했다. 그것도 단순히 조립만 하는 것이 아니라 전선도 연결하게 하면 좋겠다고 말이다. 루미네이트 키트에는 조명, 팬, 엘리베이터를 작동시키기 위한 회로판이 포함돼 있다. 이들은 샤크 탱크(Shark Tank, 사업 아이템을 선보이는 미국의 TV 투자 오디션 프로그램)에서 이 인형의 집을 선보였고, 이때 사업비의 5퍼센트에 해당하는 50만 달러를 마크 큐반(Mark Cuban, 미국 프로 농구 구단주)으로부터 후원받을 수 있었다.

루미네이트 키트는 대단한 제품이다. 다수 연구 결과에 따르면 여자아이들은 8살 무렵에 과학에 대한 흥미를 잃는다. 중학교를 졸업할 무렵이 되면 STEM 분야의 진로를 희망하는 여학생은 남학생의 절반가량이다. 형편없는 수치다. 처음에 STEM에 관심이 있던 여학생은 75퍼센트에 이르지만, 고등학교를 마칠 무렵 이 수치는 15퍼센트로 떨어진다. 이러한 현상은 반복된다. STEM 학위를 취득하는 여성은 12퍼센트에 불과하고, 그중 25퍼센트만이 10년 후에 STEM 분야에서 일하고 있다. 이 상황을 뒤집으려면 STEM을 둘러싼 문화와 STEM에 대한 여성의 인식을 바꿔야 한다.

✧

2011년, 프리는 이런 회사들이 생겼다는 것을 어렴풋이 알았고, 굉장히 멋지다고 느꼈다. 왜 내가 어릴 때는 없었을까, 하고 생각했다. 2012년, 골디블락스가 출시된 해에 그녀는 경영 대학원을 졸업했다. 프리는 무작정 런던행 편도 티켓을 샀다. 그러고 나서 프랑스로 날아갔다. 다음은 스페인이었다. "제 식대로의 성인식, 모험을 겪었죠." 프리는 자신이 뭘 찾고 있는지 몰랐다. 유럽인과의 동화 같은 로맨스를 꿈꿨나? 구글 같은 곳에서 일하고 싶었던 것일까? "저는 제가 어떻게 이 세상에 이바지할 수 있을지 알고 싶었어요."(프리)

스페인에서는 동창생의 결혼식에 참석했다. 프리는 결혼식에 입고 가기에 적당한 원피스와 구두는 갖고 있었다. 그런데 다만 손톱이 너무 지저분했다. 여행 중인 터라 군데군데 벗겨지고 칙칙했다. 매니큐어를 새로 바를 때가 됐네, 프리는 생각했다. 그런데 네일 숍을 찾기가 쉽지 않았다. 모든 곳에서 한참 전에 예약을 했어야 한다는 답변이 돌아왔고, 비싸기도 무척 비쌌다. 뉴욕과 LA, 휴스턴에서는 흔한 네일 숍이 쉽게 눈에 띄지 않았다. "이때 아이디어가 번뜩 떠오른 거예요. 간단히 매니큐어만 칠하면 되는 일이 그렇게 어려워야 할 까닭이 없죠."

여름이 끝나갈 즈음 미국으로 돌아온 프리는 캘리포니아의 LED 스타트업에서 전업으로 일을 하기 시작한다. 하지만 아직 형태를 갖추지 못한 네일 아이디어가 프리를 괴롭혔다. 프리는 계속해서 이 문제로 되돌아왔고, 일종의 휴대용 네일숍이 있으면 좋겠다는 생각을 멈출 수 없었다. 그런데 프리는 패션이나 미용 분야에서 일한 경험이 없었다. 프리가 아는 것은 정치와 연결용 하드웨어뿐이었다. 하지만 꽤 괜찮은 경력일지도 몰라, 특이하지만 이점으로 작용할 수도 있지, 프리는 생각했다. 실리콘 밸리 사람들과 일하는 법, 자금을 조달하는 법, 그리고 자신의 말에 사람들이 흥미를 갖도록 하는 법을 프리는 이미 알았다.

프리는 아이디어를 끊임없이 다듬었다. 이동 네일 숍이라는 아이디어는 얼마 지나지 않아 내려놨지만, 네일 프린터에 대한 구상을 계속했다. 프리는 스타트업을 시작한다면 단순한 네일 아트 스타트업 이상이기를 바랐다. 예쁜 손톱을 위해서라면 기꺼이 프린터 제작 방법을 배우려는 사람들도 있

을까? 있다면 왜일까? 프리는 네일 아트 프린터라는 구상을 구체화하기 시작했다.

프리는 도움이 필요했다. 링크드인(LinkedIn, 세계 최대의 글로벌 비즈니스 인맥 사이트)을 통해 다양한 사람들의 프로필을 살펴봤지만, 케이시 슐츠(Casey Schulz)에게 관심이 기울었다. 케이시는 시스템 엔지니어로, 멋지고 창의적인 기술로 여성들에게 영감을 불어넣는 일을 한 경력이 있었다. 프리는 케이시에게 메시지를 보냈고, 두 사람은 케이시가 아이들에게 아두이노(Arduino, 물리적인 세계를 감지하고 제어할 수 있는 인터랙티브 객체들과 디지털 장치를 만들기 위한 도구로, 간단한 마이크로컨트롤러Microcontroller 보드를 기반으로 한 오픈 소스 컴퓨팅 플랫폼과 소프트웨어 개발 환경을 가리킨다)를 가르치는 협업 공간에서 만났는데, 곧바로 죽이 맞았다. "저는 네일봇을 시작으로 여러 제품을 계속해서 출시했으면 해요. 요점은 손톱을 예쁘게 꾸미는 것을 넘어서 디자인 소프트웨어, 코딩, 그 밖의 여러 가지를 배우게 하는 거죠." 프리의 설명에 두 사람의 의기투합이 결정됐다.

이제 회사 이름을 정할 차례였다. 프리는 곰곰이 생각을 거듭했다. 사람들에게 어떤 이름으로 불리면 좋을까? 나와 회사의 사명을 드러내려면 어떤 이름이어야 하지?

프리는 유치하거나 판에 박힌 이름을 짓고 싶지 않았다. 특히 '공주의 손톱'이나 '요정의 프린터' 같은 말은 절대 쓰고 싶지 않았다. 그러다 '프린팅'이라는 단어가 프리의 마음을 붙잡았다. 큰 소리로 천천히 발음해봤더니, 마치 자신의 이름처럼 들렸다, '프리-인팅'. 프리마 돈나(prima donna)! 프리마 돈나(Preema donna)! 마음에 꼭 들었다. "우리는 이 단어를 되찾아야 해요!"*(프리) 프리마 돈나는 오만하고 까탈스럽다는 의미로 쓰이고 있는데, 이는 여성에 대한 성차별적으로 굳어진 이미지가 반영된 것이다. 프리는 이 단어의 의미를 자신이 되찾겠다는 것이었다. "원래 프리마 돈나는 굉장한 재능을 지닌 여성을 일컫는 단어였죠, 공연의 스타요."(프리) "대중은 으레 그들이 괴팍하고 까다로울 것이라고 생각해요. 하지만… 그렇지만, 만약 우리가 CEO라면, 물론 그 이미지는 '환상'이지만, 어쨌거나 까다로울 수밖에 없지 않겠어요? 저는 최고의 리더들은 그럴 수밖에 없을 것 같아요. 왜냐면 항상

* 프리마 돈나는 이탈리아어로 본래 오페라의 주역 여성 가수를 뜻하지만, 오만하고 까탈스러운 여성이라는 부정적 의미로 확장돼 쓰이고 있습니다.

자신을 몰아붙이는 사람이 있을 테고, 거기에 맞서 뭔가를 향해 나아가야 할 테니까요."

다음으로 두 사람은 자금 조달에 눈을 돌렸다. 케이시는 본업이 있었으므로, 이 문제는 프리에게 달려 있었다.

사람들에게 다가가기 위해서는 일단 자금이 필요했다. 어려울 것도 없지, 프리는 생각했다. 실리콘 밸리에서는 말도 안 되는 스타트업도 엄청난 액수를 투자받고 있었다. 착즙이 안 되는 착즙기도 1억1천8백만 달러를 투자받았고, 향기 나는 이메일을 만들겠다는 스타트업도 2천만 달러의 투자를 받았다. 실제 상황이었다. 게다가 네일 아트 산업은 호황을 누리고 있었다. 2013년에 매니큐어를 사용하는 십대는 92퍼센트에 달했고, 그중 14퍼센트는 매일 사용했다. 프리는 원만하게 투자를 유치할 수 있을 것이라고 기대했다.

프리는 우선 벤처 캐피털 기업들을 찾아갔다. 그리고 수많은 기술 액셀러레이터(accelerator, 스타트업 육성을 위해 초기 자금을 투자하고 각종 지원을 제공하는 기관)와 접촉했다. 하지만 아무런 반응이 오지 않았다. 대다수 벤처 캐피털 기업과 기술 액셀러레이터 들을 (대체로) 백인 남성이 운영하고 있었고, 그 사람들은 프리가 하려는 사업의 본질을 파악하지 못했다. 프리는 각종 회의에 참석해 네일봇의 아이디어를 설명했다. 그러나 모두 네일봇에 손톱을 맡긴다는 생각을 거부했다. 프리는 사기가 꺾이고 말았다. 매일 아침, 프리는 침대에서 일어나 소파로 가 룸메이트들에게 잘 다녀오라고 인사했다. 경영 대학원을 함께 나온 이 두 친구는 은행에 다니며 높은 연봉을 받고 있었다. 두 사람은 프리를 북돋워주려고 노력했지만, 프리는 희망을 잃어갔다. "심지어 아버지는 이런 식이었어요, 손톱 칠하기 놀이는 끝났고?" 프리 앞으로 청구서가 나날이 쌓여갔다. 샌프란시스코에 사는 데는 돈이 많이 들었다. 돈이 들어올 구석이 없으니 더욱더 그렇게 느껴졌다.

프리는 대학 1학년 때 룸메이트인 다이앤 도널드(Diane Donald)에게 연락해 모든 것이 얼마나 힘든 상황인지 털어놓았다. "포기하지 마."(다이앤) "난 네가 할 수 있다고 믿어." 세 아이의 어머니였던 다이앤은 프리의 아이디어가 정말 마음에 들었다. 그리고 프리의 첫 번째 투자자가 됐다. "돈은 전부 잃어도 돼. 그래도 내 믿음은 변하지 않아."(다이앤)

'세상에….' 프리는 생각했다. 실리콘 밸리에서는 누구도

프리에게 투자하고 싶어 하지 않았는데, 아무래도 프리가 번지수를 잘못 짚었던 것인지도 몰랐다. 프리는 자신이 참여했던 여학생 클럽, 트라이델타(Tri-Delta)의 친구들에게 연락했다. "지금 내가 하는 일인데, 어떤 것 같아?" 친구들은 프리의 아이디어를 무척 마음에 들어 하며 수표를 보내왔다. 이렇게 조금씩 모인 투자금으로 프리는 실제로 작동되는 시제품을 만들 수 있었다.

프리는 무척 고맙게 여기고 있다. "이 회사는 여학생 클럽 멤버나 친구, 멘토 들까지, 절 믿어준 사람들이 있기에 존재하는 것이나 다름없어요." 로봇 청소기 룸바(Roomba)를 개발한 헬렌 그라이너(Helen Greiner)도 네일봇에 투자했다. 프리는 자신이 나이 든 백인 남성들로부터 자금을 유치하려 한 것이 패착이었음을 깨달았다. 그들과 달리 여성들은 네일봇의 가치를 알아봐줬다. 오늘날 프리마돈나에는 전원이 밀레니얼 세대 여성으로 구성된 위원회가 있다.

프리는 네일봇에 대한 십대와 이십대 초반의 반응을 살피기 위해 몰래 파티를 열었다. 처음 몇 차례는 프리 친구의 자녀들과 그 아이들의 친구로 파티장이 가득 찼다. 모든 파티

가 순조롭게 진행됐다. 아이들은 네일봇을 보고 들떴고, 어떤 기술로 작동되는 것인지 궁금해 했다. "인턴으로 일하고 싶어요!" 한 아이가 말했다. "제가 홍보 대사 해도 돼요?" 또 다른 아이가 말했다. "물론이지." 프리는 대답했다.

프리는 파티 경험을 바탕으로 결과물을 만들고 발전시킨 과정을 담아 미니 TED 프레젠테이션을 구성한 뒤, 고등학교를 돌며 강연을 펼쳤다. 프리는 아이들이 상당히 예리했다고 회상한다. 질의응답 시간에 아이들은 어떤 언어로 애플리케이션을 코딩했는지, 투자자를 모으는 데 어떤 어려움이 있었는지 물었다. 그리고 프리는 모두를 위한 무료 매니큐어로 강연을 마치곤 했다! 프리는 코드 위드 클로시(Kode with Klossy camps, 여성 청소년 대상 코딩 캠프), 메이커걸(MakerGirl, 여자아이들을 대상으로 STEM 및 3D 프린팅 교육을 전개하는 단체) 행사, 걸 스카우트 대회를 포함한 여러 행사에서 비슷한 강연을 했다. "전통적인 뷰티업체가 가는 곳은 아니죠. 하지만 창업자로서 정말 많은 걸 느낄 수 있었어요." 프리는 웃음 지었다. 프리의 홍보 대사 네트워크는 커져만 갔다.

2015년에 프리의 노력은 결실을 보았다. 하드웨어 전문

액셀러레이터 핵스(HAX)의 지원 프로그램에 선정돼, 10만 달러의 투자금과 함께 전문가 및 멘토의 도움을 받게 된 것이다. 핵스는 세계 최초의 스마트 탐폰(탐폰의 교체 시기에 관한 데이터를 스마트폰으로 전송해준다)과 아마존이 인수한 배달 로봇 디스패치(Dispatch)가 세상에 나올 수 있는 발판을 마련한 것으로 유명하다. 핵스에서 프리와 케이시는 아이폰의 전면 카메라를 잉크젯 프린터에 사용하는 방법을 배웠다. 두 사람은 샌프란시스코에서 열리는 스타트업 전시회인 테크크런치 디스럽트(TechCrunch Disrupt)에서 자신들의 제품을 시험해보기로 했다. 가정용 의료 진단 키트 스타트업 에버리웰(Everlywell)과 출산 관리 스타트업 퓨처 패밀리(Future Family)가 이 행사를 통해 자신들의 제품을 공개한 바 있었다.

여기에서 긍정적인 피드백을 받고 신이 난 프리는 2016년, 곧바로 크라우드 펀딩 플랫폼 '인디고고(Indiegogo)'를 통해 제품을 내놓는다. 그러나 하나부터 열까지 제대로 준비한 것이 없었다. 네일봇의 가격은 199달러로 책정해두었지만, 제품을 발송할 준비는 돼 있지 않았고, 구매자를 위한 예상 배송 기간도 제공하지 않았다. 또 대기자 명단을 작성하지도 않았다. "모든 점에서 실수투성이였어요."(프리) 하지만 한 가지 좋은 점이 있었다. 인디고고 캠페인 덕분에 네일봇이 입소문을 타고 미국 대부분의 뉴스 사이트에 소개된 것이다. "마케팅에 비용 한 푼 들이지 않고 네일봇을 세상에 알릴 수 있었죠!"

프리는 십대 홍보 사절들의 피드백을 바탕으로 계속해서 네일봇을 개선했다. 이제 손톱에 네일 아트를 프린트하면 손톱 사진이 스마트폰에 자동으로 캡처돼, 곧장 소셜 미디어에 공유할 수도 있다. 프리는 다양한 네일봇용 디자인을 구축했고, 홍보 사절들은 네일봇의 색상을 맞춤 제작할 수 있으면 좋겠다는 아이디어도 내놓았다.

프린트 과정은 정말 빠르다. 먼저 흰색 매니큐어를, 다음으로 네일봇 프라이머를 바른다(네일봇 키트에 모두 포함돼 있다). 네일봇 애플리케이션에서 선택한 이미지가 내 손톱 위에 실제로 어떻게 나타날지 스마트폰의 전면 카메라를 이용해 확인한다. 버튼을 누르면 쉭 소리와 함께 5초 만에 네일 아트가 프린트되고, 이제 말리기만 하면 된다. "손톱에만 프린트된다는 게 유일한 한계라면 한계죠."(프리)

네일봇 애플리케이션에는 수천 개의 이모지 스타일 그림이 내장돼 있으며, 날마다 추가된다. 프리는 네일 아트 인플루언서 및 네일 아트 아티스트 들과 협업해 네일봇을 위한 특별한 디자인을 개발했고, 이용자들도 어도비 일러스트레이터나 포토샵 사용법을 배워(온라인에 프리마돈나에서 올

'네일봇'

린 사용법 영상이 있다) 자신만의 디자인을 만들어 공유할 수 있다. "우리가 음악 스트리밍 애플리케이션 스포티파이(Spotify)를 사용하며 자신의 플레이리스트를 다른 이용자와 공유하는 것처럼, 네일 아트 플레이리스트도 공유하는 거예요!" 앞으로 나올 예정인지, 프리의 인스타그램 계정(@preemadonna)을 보면 파란색과 보라색 바탕에 프린트된 더욱 복잡한 디자인이 올라와 있다. 네일봇 버전 2일까? 프리는 미소를 지으며 확답을 주지 않았지만, 증강 현실(AR, Augmented Reality)을 고려하고 있다고 슬며시 말했다. "자신의 스마트폰에 저장된 모든 이모지와 사진을 손톱에 프린트할 수 있게 될 거예요. 하지만 네일봇은 장난감이 아니에요. 뷰티 기기이고, 여자아이에게는 학습 기기이기도 하죠."

기술에 흠뻑 빠진 '프리마돈나 친구'가 있으면 프리가 이사로 참여하고 있는 메이커걸의 멘토와 연결해준다. 멘토링과 진로 상담을 통해 여자아이들이 기술에 흥미를 갖고 STE(A)M 분야에서 리더십을 발휘할 수 있도록 장려하는 것이다.

프리는 수많은 네일봇 홍보 대사들과 모여 BIY(Build It Your-

self, 스스로 제작하자) 네일봇 메이커 키트의 베타 테스트를 진행했다. 네일봇을 만들려면 납땜을 하고 회로판도 다뤄야 한다. 아이들이 네일봇을 만드는 데는 적게는 1시간 30분부터 5시간까지 걸렸다고 한다. 프리의 장기 비전은 프리마돈나 친구들이 네일봇을 시작으로 각종 애플리케이션을 개발할 수 있도록 돕는 한편, 네일봇 프로그램을 디자이너, 메이커, 해커 등 STEAM 분야의 누구나 접근할 수 있는 프로그램으로 만드는 것이다.

모든 것이 너무 빠르게 변하는 세상이다. 좋은 점도 있고 나쁜 점도 있다. 사람들은 새로운 것을 흔쾌히 받아들이고, 더욱 편리한 생활을 누리고 있으며, 훨씬 개방적이다. 그러나 온라인 트롤(online troll, 혐오성·공격성 발언을 일삼는 인터넷 사용자)들이 활개를 치고, 인터넷의 어두운 면이 깊어지며, 사람들이 기술을 악용하기도 한다.

우리는 뒤를 돌아보고 우리가 얼마나 멀리 왔는지도 알아야 한다. 1992년에 토킹 바비(Talking Barbie) 인형이 출시됐는

데, 컬을 잔뜩 넣은 곱슬곱슬한 머리에 풍성한 무지갯빛 치마와 타이다이 데님 재킷을 입고 있었다. 등에 있는 버튼을 누르면 녹음된 말을 재잘거렸다. '수학은 너무 어려워! 파티 드레스를 입으면 신나. 너는 좋아하는 사람 있니? 수학은 너무 어려워!' 아무리 어두운 시대였어도 그 시절에조차 이 내용은 받아들여질 수 없는 것이었고, 토킹 바비는 곧바로 전면 회수됐다. 하지만 바비 인형이 시대의 흐름을 따라잡는 데는 이후로도 오랜 시간이 걸렸고, 바비의 직업은 대체로 모델, 발레리나, 맥도날드 직원, 미스 아메리카에 머물렀다.

그러다 2012년, 드디어 컴퓨터 공학자 인형이 출시되며 바비는 21세기에 합류했다. 물론 분홍색 안경과 분홍색 노트북을 갖추고 있었다. 이후 2017년 크리스마스 시즌에는 바비 드론이 아이들에게 불티나게 팔렸다. 현재 바비 브랜드는 온라인 코딩 강좌, AI 인터페이스가 갖춰진 바비 드림하우스(인형의 집), 교육 현장에서 활용할 수 있는 바비 코딩 커리큘럼 등을 출시한 상태다. 바비의 메시지는 명확하다. 네가 원하는 것이라면 코딩을 하는 것도 좋고 예뻐지는 것도 좋아!

사물과 사람의 겉모습에 신경을 쓰는 것은 허영이자 '여성

스러운' 특성이라고 여겨져왔다. 하지만 유능한 과학자들이 겉모습에 가치가 있다는 사실을 밝혀냈다. 겉모습에 관심을 기울이는 것은 허영이 아니라, 우리를 둘러싼 세상을 즐기고 각각의 경험으로부터 배우는 일이다.

실제로 다른 사람의 외양에 주목한 결과가 놀라운 발견으로 이어지기도 했다. 2015년, 미국 캔자스주 르넥사에 사는 15살 에린 스미스(Erin Smith)는 배우 마이클 J. 폭스(Michael J. Fox)가 나오는 한 영상을 봤다. 1998년에 파킨슨병 진단을 받은 배우다. 에린은 영상 속 뭔가가 신경에 거슬렸다. 마이클 J. 폭스의 미소와 웃음이 부자연스럽게 보인 것이다. "감정적으로 동떨어져 있는 것처럼 느껴졌어요." 에린은 기자들에게 말했다. 에린은 이러한 점이  파킨슨병과 관련해 일반적으로 알려져 있는 사실인지 확인하기 위해 파킨슨병 전문 병원을 찾았다. 맞아요, 병원 직원의 대답이 돌아왔다. 그런데 너깃을 나눠주며 덧붙이기를, 파킨슨병 환자에게서는 그와 비슷한 표정이 정식 진단이 나오기 몇 년 전에 나타나는 경우도 흔하다고 했다. 에린은 안타까웠다. 병을 조기에 발견할수록 치료가 용이할 것이기 때문이다.

과학 기술 분야를 좋아하고 그에 빠삭했던 에린은 한 가지 아이디어를 떠올렸다. 에린은 부엌으로 가, 시간이 지나면서 얼굴 표정이 어떻게 변화하는지 포착할 수 있는 슈퍼 스마트 셀피 카메라를 만들어냈다. 에린이 페이스프린트(Face-Print)라고 이름 붙인 이 기술은 시간에 따른 표정 변화를 측정하는 최초의 객관적 척도였다. 페이스프린트의 진단 알고리즘은 88퍼센트의 정확도를 보여줬다(비슷하지만 훨씬 고가인 진단 방법의 정확도는 81.6퍼센트다). 마이클 J. 폭스는 이 기술에 큰 감명을 받았고, 페이스프린트에 투자금을 지원했다. 이와 같은 청소년은 에린뿐만이 아니다. 머릿속에 떠오르는 이름이 있을지 모르겠다. 그리고 여러분이 바로 그 사람이 될 수도 있다.

프리는 2020년 겨울에 처음으로 일반 소비자를 대상으로 네일봇을 출하했고, 애플리케이션을 통해 더욱 다양하고 특별한 네일 아트 디자인을 제공하기 위해 유명 브랜드 여러 곳과 제휴도 성사시켰다(프리는 이름을 알려주지 않았지만, 내가 바로 알아볼 수 있는 곳들이라고 했다!). 이 브랜드들과 파트너십을 맺었다는 사실은 프리의 사업이 인정받고 있다

는 증명이 되지만, 그럼에도 프리는 자신이 실패할 수 있다는 것을 안다. 스타트업의 90퍼센트는 실패로 끝난다. 프리는 지금에 이르기 위해 많은 희생을 치렀다. 연애도 거의 하지 않고, 운동을 하거나 친구들과 보내는 시간만을 겨우 확보하는 정도이다.

"미래는 예측할 수 없어요. 저뿐만 아니라 아무도 못하죠. 그렇지만 제게는 확고한 신념이 있어요. 정치인이든 사업가든, 가능한 한 깨어 있어야 해요. 늘 주위로부터 배워야 하죠. 세상은 끊임없이 바뀌고 있고, 여러분의 메시지가 울려 퍼지는 순간도 찾아올 거예요."(프리) 프리는 자신에게 그 순간이 오지 않는다면 괴롭긴 하겠지만, 그래도 괜찮을 것이라고 말한다. 크게 봤을 때, 시작도 하기 전에 포기한 쪽보다 세상을 바꾸기 위해 노력한 쪽이 훨씬 낫기 때문이다. 프리는 이미 수많은 사람의 삶에 변화를 일으켰고, 앞으로도 멈추지 않고 나아갈 것이다.

2장

# 미래의 식량 자원

2018년 1월 22일 어느 개방형 사무실, 나와 몇몇 사람들이 작은 테이블에 모여 앉았다. 자리를 주관한 사람은 킴벌리 레(Kimberlie Le)였다. 킴벌리는 22살의 날씬한 아시아계 여성으로, 흰색과 검은색 줄무늬 티셔츠와 청바지를 입고 있었다. 킴벌리가 연어 살코기 한 조각, 크래커 두 개, 당근 스틱 세 개가 올라간 작은 접시를 건네줬다. 내 옆 사람에게도 건넸다. 또 그 옆 사람에게도. 5분 뒤, 모든 접시가 싹 비워졌다. 킴벌리는 사람들이 맛보기 음식을 먹는 모습을 지켜봤다. 사람들이 어떻게 베어 물고, 씹고, 마지막 한 조각을 삼키는지까지 말이다. 전부 다 시식을 마치자 그녀는 활짝 웃으며 접시를 가져갔다. "정말 맛있네요. 진짜 연어랑 똑같은 맛이에요." 청바지와 검정 후디를 입은 남성이 이야기했다. 킴벌리는 고개를 끄덕이며 감사를 표했다. 그런데 킴벌리의 맛보기 연어는 단백질, 지방, 오메가-3 지방산을 포함하고 있다는 점에서 실제 연어와 영양학적으로 유사하지만, 연어 알이 아니라 조류(藻類)에서 탄생한 것이었다.

킴벌리의 '가짜 생선'에는 순수한 참신함 이상의 뭔가가 있다. 그녀의 가슴속에는 한 번에 한 입씩 맛있게 세상을 바꾸고자 하는 열망이 있다.

이는 훨씬 커다란 문제에 대한 그녀의 대답이다. '내가 살고 있는 세상은 왜 이렇게 엉망이 됐을까?'

기후 변화로 사람들의 삶이 영향을 받고 있다는 사실은 이제 누구나 안다. 해수면이 상승하고, 사막화가 확산되고, 극지방의 만년설이 녹고 있다. 이로 인해 발생하는 토네이도와 홍수가 세계 곳곳을 할퀸다. 지구 온난화로 산불이 극성을 부리고 있으며, 누적된 영향으로 인해 매년 수백만 명이 사망하는 실정이다. 수십 년 동안 사람들은 환경에 마땅한 관심을 기울이지 않았고, 그 결과 사우디가젤, 독도 강치는 멸종하고, 검은코뿔소, 아무르 표범 등은 심각한 멸종 위기에 처해 남은 개체 수가 백여 마리 남짓에 불과하다.

이 같은 환경 문제가 우리가 이어받은 유산이며, 킴벌리는 이에 따라 전면적으로 나타날 글로벌 식량 위기에 대응하기 위해 서둘러 앞장서고 있다. 2050년이 되면 지구의 인구는 현재의 77억 명에서 100억 명으로 증가할 것이다. 상황을 바꾸지 않으면, 그것도 빠르게 바꾸지 않으면 전례 없는 기아, 질병 위기, 나아가 종말 수준의 재앙이 닥칠 것이다.

킴벌리는 이 문제가 상상하기도 어려운 엄청난 문제이며, 자신이 모든 것을 바로잡을 수 없다는 점을 잘 안다. 그러나 문제의 일부를 해결하기 위한 노력을 시작했다.

지구를 파멸로 몰고 있는 한 가지 요인은 오늘날의 육류 및 생선 시장이다. 소, 돼지, 연어, 닭 등 수많은 동물이 사람들의 저녁 식사를 위해 사육되고 있다. 맛있는 치킨을 만들어내기 위해 배출되는 온실가스가 전체 온실가스 배출량의 25퍼센트를 차지한다.

이 상황을 멈추는 방법 한 가지가 동물성 식품을 식물성 식품으로 전환하는 것이다. 지구 환경에 가해지는 부담을 크게 덜 수 있는 방법이다.

킴벌리는 말한다. "우리에게는 지속 가능하며 영양가 있는 식품이 필요해요. 우리가 기후에 미친 영향을 되돌려야 하는데, 남아 있는 시간이 별로 없어요."

✧

어릴 때부터 킴벌리의 식단에는 늘 생선이 들어가 있었다. 캐나다 앨버타주 에드먼턴에서 태어난 킴벌리는 사 남매 중 첫째였다. 부모는 가족의 안전한 삶을 위해 베트남 전쟁을 피해 캐나다로의 이민을 택했다. 어머니 찌 레(Chi Le)는 형제자매가 10명이나 있었으나, 대부분 이 전쟁으로 목숨을 잃었다. 그녀는 베트남에서 레스토랑 요리사였고, 가족 내에서도 요리사를 자처했다. 킴벌리 가족은 거의 매 끼니를 찌거나, 볶거나, 튀기거나, 삶은 생선을 먹었다. 피시 소스(fish sauce, 우리나라의 액젓과 비슷하나 훨씬 부드럽고 짠내가 덜하다)를 넣은 쌀국수, 짜까라봉(chả cá Lã Vọng, 강황과 허브 딜에 양념한 흰 살 생선을 구워 향신채에 곁들여 먹는 베트남식 요리), 어묵을 넣은 반미 샌드위치, 까 코 또(Ca Kho To, 뚝배기에 조린 생선 요리)를 즐

겨 먹고, 이 외에도 풍미를 더하기 위해 온갖 요리에 발효 피시 소스를 끼얹어 먹곤 했다. 킴벌리는 자기 몫의 음식을 남겨선 안 된다고 배웠다. 킴벌리의 부모는 자식에게 헌신적이었지만, 넉넉한 형편은 아니었다. 킴벌리는 무엇이든 낭비하지 않는 태도를 지니게 됐다. 그리고 자신은 운이 좋다는 것, 수많은 사람이 자신보다 훨씬 열악한 환경에서 살고 있다는 것을 알았다.

킴벌리는 엄마가 만들어준 음식을 좋아했지만, 이 음식은 그녀가 남과 다르다는, 이방인이라는 표식이기도 했다. 에드먼턴은 이민자 친화적인 도시지만, 베트남인은 전체 인구의 1.5퍼센트밖에 없었다. 킴벌리의 피부색과 피시 소스라는 조미료는 안 튀려야 안 튈 수가 없었다. 하지만 킴벌리의 부모는 이것이 그녀가 특별하다는 증거이기도 하다고 말해주었다. 킴벌리의 부모는 부지런히 월급을 모았고, 마침내 '이방인'이라는 특징을 살려 레스토랑을 열었다. 남매들도 팔을 걷고 나섰다. 고등학생이던 킴벌리는 음식을 나르고, 계산을 하고, 설거지를 하고, 빈 그릇을 치우고, 잔심부름을 하는 데다 부주방장으로까지 일했다.

자유 시간에는 학교 스노보드 팀 친구들과 좋아하는 스노보드를 타며 겨루기도 했다. 그런데 스노보드 시즌이 돌아올 때마다 산비탈의 슬로프에 쌓인 눈의 양이 점점 줄었다. "그걸 깨닫자 기후 문제가 무엇보다 중요한 문제로 인식되기 시작했어요." 킴벌리는 이 문제로 그저 침울해 하고만 있지 않았다. "변화를 만들기 위해, 그러니까 세상을 더 살기 좋은 곳으로 만들기 위해 노력할 동기를 갖게 된 거죠."

킴벌리는 고등학교를 2년 일찍 졸업했고, 자신의 관심사를 탐구하는 데 시간을 들였다. 음악, 미술, 환경, 언어 등 무척 많은 것에 호기심이 있었다. 킴벌리는 중국 상하이에서 갭이어(gap year, 학생들의 진로 탐색 시기)를 가진 뒤, 그곳의 동화대학에서 중국어와 환경 공학을 공부했다. 그리고 여기에서도 생선 요리를 많이 먹었다. 중국은 세계 1위의 생선 소비국이기도 했다. 어떻게 보면 산속에서 벌어지고 있는 문제보다 훨씬 심각한 문제였다. 상하이는 시멘트 및 철강 생산 공장에서 석탄을 태우느라 배출하는 오염 물질로 인해 공기가 탁하고 무거웠다. 사람들은 이 위험을 무릅쓰고 외출하기 위해 마스크를 착용해야 했다. 마스크는 이미 일상 용품이 된 지

오래여서 온갖 색상으로 구매할 수 있는 데다 디자이너 브랜드에서 출시되는 마스크도 있었다. 암 발병률도 치솟았다. 세계 폐암 환자의 37퍼센트가 중국에 있었다. 물의 97퍼센트가 독소와 병원균을 포함하고 있어 물조차 마음대로 마실 수 없었다. 오염된 강에서 수백 수천 마리의 물고기가 죽어갔다.

물고기의 떼죽음은 전 세계적인 현상이다. 기후 변화가 해양 생물에게 지대한 영향을 미치고 있기 때문이다.

킴벌리는 다이빙을 하러 간 대만 연안의 산호초에서 이 문제를 실감했다. 어느 해, 킴벌리는 그곳의 맑고 푸른 바닷속에서 자신의 다리 주위로 달려드는 네온 빛 오렌지색 물고기와 파란색이 선명한 물고기 들을 경이로운 눈으로 바라봤었다. 얼룩말처럼 줄무늬가 있는 물고기, 커다란 눈을 반짝이는 물고기와 눈이 마주치자, 바닷속 광경은 영화 〈니모를 찾아서〉 실사 판처럼 장엄하게 다가왔다. 킴벌리는 다음 해에도 또 한 번 펼쳐질 모험을 잔뜩 기대하며 그곳을 찾았다. 그런데 이번에 바닷속으로 들어간 그녀의 눈은 경이로움이 아니라 공포로 휘둥그레졌다. 산호초는 색이 바랜 채 오그라들고 뒤엉켜 있는 데다, 물고기도 별로 없었다. 그곳에 더 이상 활력과 마법은 없었다. "1년이라고 하면 그리 길지 않은 것 같지만, 기후 변화가 그만큼 빨리 벌어지고 있다는 거죠."(킴벌리)

우리가 기후 변화의 영향을 바다에서 제일 먼저 목격하게 되는 데는 이유가 있다. 바다는 육지 대신 완충 역할을 한다. 열에너지를 흡수함으로써 지구를 보호하는 것이다. 온실가스로 인해 대기에 갇힌 열의 93퍼센트를 바다가 흡수한다. 바닷물의 온도 상승은 물고기 집단 폐사를 일으킨다. 과학자들은 지구 온난화와 그동안 계속돼온 남획으로 물고기 개체수가 35퍼센트 가까이 감소한 것으로 추정한다. 이것은 분명 심상치 않은 일이다. 유엔 식량농업기구에 따르면 생선 단백질은 세계 인구가 섭취하는 동물성 단백질의 약 17~70퍼센트를 차지하고 있기 때문이다. 수백만, 어쩌면 수십억의 사람들이 굶주리게 될지 모른다.

물론 바닷물이 따뜻해져서 번성하는 물고기도 있다. 검은바다농어는 수온이 높아짐에 따라 경쟁자가 모두 사라져 개체 수가 6퍼센트나 증가했다. 그러나 장기적으로 보면 수온 상승은 검은바다농어에게도 좋지 않다. 수온이 더욱 올라가면 검은바다농어 또한 견디지 못하고 죽을 것이기 때문이다. 기후 위기 속에서 영원한 승자란 없다. "물고기는 골디락스와 같아요.* 너무 뜨거운 바닷물도, 너무 차가운 바닷물도 좋아하지 않죠." 미국 럿거스 대학 환경 생물학 교수 말린 핀스키(Malin Pinsky)의 말이다.

야생 물고기의 감소는 양식 어업(어류를 가두어 길러서 잡는 어업)의 확대를 의미한다. 그런데 물고기를 양식하는 데는 탄소 배출이 뒤따른다.

2013년, 당시 18살이던 킴벌리는 이 모든 사실을 알고 있었던 것은 아니다. 하지만 바다가 자신에게 중요하다는 것, 그리고 바다에서 벌어지고 있는 문제를 해결하는 데 자신도 참여하고 싶다는 것을 분명히 느꼈다.

그해 9월, 킴벌리는 캘리포니아 대학 버클리 캠퍼스(이하 UC 버클리) 학부 과정에 입학했다. 킴벌리는 전공으로 음악을 선택했고, 피아노 실력을 기르며 듣고 싶은 수업을 듣는 것이 목표였다. 그러나 곧 자신의 계획이 잘못됐음을 깨달았다.

* 영국 옛이야기 속에서 골디락스는 곰 세 마리의 집에 찾아가 뜨겁지도 차갑지도 않은 적당한 온도의 수프를 먹는다.

듣고 싶은 수업이 너무나도 많았고, 하나도 놓치고 싶지 않았다. 킴벌리는 자신이 모르는 게 뭔지 판단하기가 어려웠다. "저에게 필요한 건 다학제적 교육이었어요." 킴벌리는 환경 문제에 대처하려면 우선 이에 관해 '과학적, 경제적, 법률적, 사회적 관점'에서 폭넓은 이해를 갖춰야 할 것 같았다.

그래서 방향을 바꿔 미술학과 법학 문학사, 과학과 사회 및 환경 이학사, 그리고 분자 독성학 학사 등 세 가지 학위를 취득하고자 했다. 이에 더해, 식량 시스템(food system)을 중심으로 식품학과 음악을 부전공할 계획도 세웠다. "다들 우려했죠."(킴벌리) 대학 사무처에서는 과도한 학업 계획인 것 같다고 알려왔고, 친구들도 킴벌리가 대학 생활을 제대로 경험하지 못할까 봐 걱정했다. 그러나 킴벌리의 결심은 확고했다. "최대한 넓고 깊게 알고 싶었어요." 킴벌리가 애초에 UC 버클리에 입학한 것도 그곳의 열정적이고 진취적인 분위기가 마음에 들었기 때문이다. "오늘날의 현실에 불만을 느끼는 사람들을 만나고 싶었어요."

킴벌리는 3년 만에 학부 과정을 모두 마쳤고, 남은 2년을 이용해 학교 실험실에서 자신만의 프로젝트를 진행했다. 킴

벌리는 아직 답을 확실히 알진 못했다. 그러나, 그렇기 때문에 더욱, 그녀는 실험을 계속했다. 킴벌리는 페트리 접시에 미생물과 균류를 잔뜩 배양하며 자연 생태계를 이해하기 위해 노력하기도 했다.

2017년, 킴벌리는 대학의 창업 및 기술 사업화 지원 기관인 수타르자 센터(Sutardja Center for Entrepreneurship & Technology)에서 주최한 식물성 해산물 콜라이더 워크숍(Plant-Based Seafood Collider Workshop)에 참여한다. 생선 대체 식품 개발을 전제로 한 워크숍으로, 학생들은 두 명씩 팀을 이뤄 5천 달러의 상금이 걸린 우승을 위해 경쟁했다.

킴벌리는 워크숍의 콘셉트에 공감할 수 있었고, 굉장히 논리적이라고 생각했다. 대체육 시장은 급격히 성장해 비욘드 미트(Beyond Meat)나 임파서블 버거(Impossible Burger) 같은 식물성 대체육 기업이 언론에서 자주 화제가 되는 상황이었으므로(버거킹이나 던킨도너츠를 대체할 수 있는 버거를 출시하기 전에도 말이다), 해산물에 초점을 맞추는 것은 훌륭한 해결책으로 다가왔다. 해산물 부족 문제는 현실이었다. 해양은 더 이상 인간의 어업 활동을 견딜 수 없는 수준에 이르렀다. 킴벌리는 풍부한 천연자원을 찾아 어육으로 만들 수 있다면 많은 문제를 해결할 수 있을 것이라고 생각했다.

"돈도, 먹을 음식도 풍족하지 않은 여건에서 자랐기 때문일까요… 제 개인적 목표는 먹거리가 특권이 아니라 모든 사람이 확실히 누릴 수 있는 권리가 되는 거예요."(킴벌리)

킴벌리는 생명 공학을 전공한 조슈아 닉슨(Joshua Nixon)과 한 팀을 이뤘다. 수타르자 센터에서 주최한 다른 콘테스트를 통해 이미 한 차례 함께한 바 있는 친구였다. 그때 두 사람은 뇌진탕을 줄일 수 있는 스키 헬멧을 개발하기 위해 힘을 합쳤었다. 킴벌리는 준 프로급 스노보드 선수로서 스키나 스노보드를 탈 때 부상 위험이 얼마나 큰지 잘 알았고, 그와 같은 헬멧의 필요성을 절감하고 있었다. 두 사람은 그 콘테스트에서 우승했고, 킴벌리는 조슈아와의 팀워크에 자신이 있었다. "우리, 이번엔 도리 팀이라고 하는 거 어때?" 킴벌리는 영화 〈도리를 찾아서〉에서 따온 팀명이 무척 마음에 들었다. 특별한 것을 찾아 미지의 세계로 모험을 떠난다는 점에서 자신들도 도리 일행과 다르지 않은 것 같았다.

생선이 수십억 명의 사람들에게 귀중한 식량원으로 자리

매김하게 한 생선의 독특한 맛과 식감, 냄새를 구성하는 각종 성분을 학생들이 이해할 수 있도록 식품 화학자와 단백질 전문가의 초청 강연이 진행됐다. 대체 식품의 단백질 함량을 물고기와 비슷한 수준으로 개발하는 것은 그다지 어렵지 않은 일로, 그보다는 생선과 같은 맛을 낼 수 있느냐가 관건이었다. 두 사람은 버거용 대체 연어 패티를 합성해내고 싶었고, 그러려면 익힌 연어처럼 잘게 으스러지는 식감을 구현해야 했다. 경쟁 팀들은 식물성 단백질 기반 대체 식품을 만드는 데 집중했지만, 킴벌리는 균류를 이용하는 것이 가장 확실한 방법이라고 조슈아를 설득했다.

그녀는 그중에서도 코지(Koji, 일본의 누룩 종류)를 콕 집었다. 코지는 고기와 비슷한 성질을 가지고 있었고, 조리하면 고기의 구조와 질감을 띠며, 감칠맛이 돌았기 때문이다. 코지는 미소된장국과 간장의 원료라, 많은 사람에게 친숙하기도 하다. 또 베트남 요리에도 흔히 쓰이는 재료였다. 킴벌리는 합성한 연어에 미세조류를 첨가했다. 자신들의 프랑켄버거(Frankenburger, 소 줄기세포 배양으로 패티를 만들어 넣은 버거를 일컫는 말이다), 즉 인공육에 오메가-3 지방산을 더하기 위한 것이었다. "실험실이 아니라 부엌으로 자리를 옮겨 멸균된 환경에서 시제품을 만드는 것이 마지막 단계였어요."

이렇게 연어의 영양을 재현했지만, 맛과 식감은 과연 어떻게 해야 재현할 수 있을까? 킴벌리는 생선의 맛, 냄새, 그리고 질감, 이 세 가지를 알아내야 했다. 이를 위해 킴벌리 팀은 원하는 맛을 얻을 때까지 서로 다른 재료를 조합해보며 결과표를 작성했다. 냄새는 별개의 문제였다. 킴벌리는 가스 크로마토그래피(혼합물 중 각 성분이 이동상移動狀과 정지상停止狀에 분배되는 정도의 차이로 각각 분리되는 분리 분석법. 흔히 기체 및 액체 크로마토그래피로 나눈다) 방법으로 결과물의 모든 성분을 분류한 뒤, 어떤 성분이 생선에서 나는 냄새를 살릴 수 있는지 파악했고, 어떻게 해야 그 냄새를 유지할 수 있는지 연구했다. "코지균은 원래 단백질이 풍부하고, 특징적인 풍미가 없어요. 저희는 거기에 천연 향과 식물성 지방 같은 성분을 첨가해 해산물과 유사한 제품을 만들어냈죠." 킴벌리는 이 워크숍이 만만하지 않다는 것을 깨달았다. 대체 생선을 만들기 위해 알아야 하는 정보는 수없이 많았고, 해결해야 할 문제도 한둘이 아니었다. "그러고 나서는 한정된 자원과 시간 안에 저희 제품의

첫 번째 버전을 완성해내는 데 몰두했어요."

킴벌리 팀은 1등을 차지했고, 5천 달러의 상금을 받았다. 또 두 사람은 한 심사 위원으로부터 놀라운 제안을 받는다. "인디바이오(IndieBio) 다음 선발 때 지원해볼 생각은 없나요?"

인디바이오는 샌프란시스코 최고의 생명 공학 스타트업 인큐베이터다. 인디바이오의 투자 대상으로 선발되면, 25만 달러에 이르는 시드 펀딩 자금, 무료 실험실 및 재료, 4개월에 걸친 시제품 제작 기간과 시연 기회를 지원받는다. 킴벌리 팀은 심사를 통과했고, 이로써 그녀의 이론은 인정받았다.

"사람들이 원하는 건 맛도 좋고 몸에도 좋은 음식이에요. 그리고 그게 바로 저희가 개발하고 싶은 거고요."(킴벌리)

킴벌리는 인디바이오 프로그램에 참여하기 위해 대학을 관둔 뒤, 조슈아와 함께 정식으로 스타트업 관련 서류를 작성했다. 두 사람은 회사 이름을 테라미노(Terramino)라고 지었다(진짜 사업을 시작하는 데 '도리를 찾아서'라는 이름은 조금 유치한 것 같았다). 이후에 이들은 균류 기반 식품 회사라는 점을 반영해 이름을 다시 프라임 루츠(Prime Roots)로 변경했다. "정말 하고 싶은 거지?" 킴벌리의 어머니가 물었다. "네, 정말요. 실제로 만들어낼 자신도 있고, 이것보다 즐거운 일은 없어요. 정말 하고 싶은 일이에요." 신중한 생각 끝에 킴벌리가 내린 답이었다. "그래, 그렇다면 우리도 믿고 응원할게." 킴벌리의 부모는 말했다.

킴벌리는 인디바이오에서 아침부터 저녁까지 일에 몰두했다. 한 가지 문제를 해결하면 또 다른 문제가 튀어나오는 하루하루가 계속됐다. 조류는 굳고, 비커는 새고, 타이머는 고장 났다. "그렇다고 잘못되는 건 아니니까요." 킴벌리는 일의 묘미를 느끼며 차례차례 처리해나갔고, 생산 효율성이 500퍼센트 증가했다.

킴벌리와 조슈아는 최고의 성적으로 인디바이오를 떠났다. 사람들은 묘하면서도 맛이 있다며, 두 사람의 연어 버거를 극찬했다! 킴벌리의 이름은 세상에 알려지기 시작했고, 2018년 6월, 그녀는 틸 펠로십(Thiel Fellowship)에 선정돼 10만 달러의 자금을 지원받는다.

피터 틸(Peter Thiel)은 실리콘 밸리의 전설로, 페이팔(PayPal)의 공동 창업자이자 레슬링 선수 헐크 호건(Hulk Hogan)의 고

커 미디어(Gawker Media) 소송을 비밀리에 도운 것으로 유명한 억만장자다. 2010년에 그는 자신만의 사업 아이디어를 가진 23세 이하 청년에게 10만 달러를 지원하는 틸 펠로십을 만들었다. 그런데 이 펠로십에 참여하려면 기꺼이 학교를 중퇴해야 한다는 단서가 있었다.

이 펠로십에 대해 처음 들었을 때, 킴벌리는 말도 안 된다고 생각했다. "저는 학교를 너무 좋아했거든요."(킴벌리) "뭔가를 가장 빨리 배울 수 있는 길이니까요." 하지만 킴벌리는 UC 버클리의 학우들을 보며, 요점을 이해할 수 있었다. 많은 이들이 자신의 학업에 만족하지 못하고 있었기 때문이다. 그들 각자가 지닌 커다란 잠재력을 낭비하고 있는 듯했다. 여하튼 킴벌리는 이미 중퇴했으므로 펠로십에 참여할 자격을 갖춘 상태였다(틸 펠로십 측에서도 킴벌리에게 따로 묻지 않았다). 틸 펠로십을 받는 것은 무척 높이 평가받는 일이었고, 킴벌리는 언론의 관심을 바탕으로 벤처 캐피털 기업들로부터 450만 달러의 투자금을 유치한다. "저희가 만들고 싶은 세상이 옳다고 생각하는 사람들을 찾은 거죠."(킴벌리)

자신이 하는 일을 믿어주는 이들을 만나면서 킴벌리는 미래에 대한 희망이 커졌다. "미국이라는 나라는 이민자가 있었기에 건설됐죠. 저희 회사는 더욱 다양한 문화의 공존을 위해 나아가고 있다고 생각해요. 넓은 시야를 갖는 건 정말 중요해요. 이곳은 백인 남성의 세상이에요. 전부 파타고니아 옷을 입고 있죠."

생선 대체 식품 시장의 **#여성보스**는 킴벌리 말고도 있다.

또 한 명의 선구자는 해양 생물학자인 도미니크 반스(Dominique Barnes)다. 그녀는 네온사인 불빛이 가득한 라스베이거스에서 자랐고, 해양 생물이라고는 근처의 더 미라지 호텔과 골든 너깃 호텔 앤드 카지노의 수족관에서 구경하는 것이 전부였다. 도미니크는 이 수족관에 들르는 걸 좋아했고, 그때마다 갈색 머리칼은 뒤로 당겨 하나로 묶고, 주근깨 가득한 얼굴을 유리에 바싹 들이밀었다. 도박을 하기 위해 끊임없이 밀려드는 사람들을 향해 천천히 눈동자를 굴리며 유유히 헤엄치는 상어와 열대어를 더욱 자세히 보고 싶었기 때문이다.

해양 생물에 매료된 도미니크는 해양 생물 다양성 및 보존 연구를 위해 캘리포니아 대학 샌디에이고 캠퍼스(이하

UCSD)의 스크립스 해양 연구소(Scripps Institution of Oceanography) 석사 과정에 지원했다. 바다를 가까이하면서 그녀는 해양 동물이 오염된 물에 질식하거나, 사람의 부주의한 어업 활동으로 상처 입어 피를 흘리거나, 6개들이 캔 포장에 쓰였던 플라스틱 고리에 목이 졸려 죽어가는 것을 매일같이 목격했다.

이러한 현상은 해가 갈수록 심화됐다.

그러나 실질적인 대응은 전혀 이루어지지 않고 있는 것 같았다. 권력을 가진 사람들, 특히 남성은 별다른 노력을 하지 않았다. 신경 쓰고 있다고 웅얼거릴지는 몰라도, 바뀌는 것은 아무것도 없었다.

놀라운 것도 없는 이야기다. 거칠게 말해, 기후 변화의 책임은 우리 종의 남성에게 있다고 봐도 무방하다. 지금까지 이어져온 가부장제 속에서 남성은 권력, 돈, 토지를 지배하며, 몇 번이고 계속해서 잘못된 선택을 해왔다. 여성이라도 실수했을지 모르지만, 어쨌거나 여성에게는 실수할 기회조차 없었다.

그리고 현재, 여성은 남성이 엉망으로 만들어놓은 것을 치우고 있다. 그러고 보면 여성은 역사상 늘 부엌과 가정에서 남성이 스스로 치우지 않는 것들을 치워왔으며, 구조적 성차별과 인종 차별, 대대로 이어져온 편견을 무너뜨리기 위한 정신적 노동을 해왔다. 기후 과학계라고 해서 상황은 다르지 않아, 이들 과학자 사이에서도 여성은 편견에 의해 얕보이거나 무시당하기 십상이다.

그런데 기가 막히게도 이 난장판에서 비롯되는 타격을 감당해야 하는 이들은 대체로 여성이다. 기후 재앙으로 인해 살던 곳을 잃는 사람의 80퍼센트가 여성과 여자아이 들이며, 여성은 자연재해로 인해 사망할 위험이 남성의 14배에 달한다.

남성은 또 훨씬 커다란 탄소 발자국을 남기면서도 전반적으로 여성보다 환경에 관심을 덜 기울인다. 2019년에 예일대학 연구팀이 조사한 바에 따르면, 남성은 자신들이 사는 지구에 마음 쓰는 것을 여성적인 일이라고 여긴다. “어떤 기준에서 보더라도 여성은 훨씬 환경친화적입니다.” 비영리 환경 단체 두 더 그린 싱(Do the Green Thing)의 애슐리 존슨(Ashley Johnson)은 말한다. “여성은 재활용을 하고, 쓰레기를 덜 배출하고, 전기차를 구매하며, 환경에 관심이 많은 정치인에게 투

표할 가능성이 더 큽니다."

존슨은 환경 문제를 이야기할 때 젠더 역학의 작용을 비난하지 않고는 넘어갈 수 없다고 생각한다. "기후 변화의 여파는 성차별적입니다. 우리 사회에 이미 존재하고 있는 불평등을 단번에 더욱더 확대시키죠. 이 연구 결과를 보면 자신이 여성적으로 비칠 것을 우려해 친환경 활동을 겁내는 남성마저 있다는 사실을 알 수 있습니다."

샌디에이고에서 도미니크는 한 친구를 통해 물질 과학자인 미셸 울프(Michelle Wolf)를 소개받는다. 두 사람은 지속 가능한 식량 시스템과 어종 고갈 및 해양 환경 악화에 대해 비슷한 시각을 갖고 있었다. 곧바로 친해진 두 사람은 식물과 조류 추출물로 생선 대체 식품을 만들기 위한 계획을 세우기 시작했다.

먼저, 어느 생선을 목표로 할지 정해야 했다. 사람들이 야생에서 생선을 1파운드 잡아 올릴 때마다, 5파운드에 달하는 다른 해양 생물이 함께 잡히거나 죽임을 당하며, 그중에는 돌고래와 상어도 있다. 깊은 토론 끝에 두 사람은 상어 지느러미를 첫 번째 제품으로 선택했다. 상어 지느러미는 일부

지역에서 별미로 취급하고 있어, 상어 지느러미를 노린 상어 불법 포획이 끊이지 않고 있기 때문이었다.

도미니크와 미셸은 자신들의 모조 상어 지느러미 식품을 스마트 핀(Smart Fin)이라고 이름 짓고, 상어 지느러미의 식감을 구현하기 위해 콜라겐과 효모를 결합했다. 그런데 이들은 환경 운동가의 반발에 부딪힌다. 환경 운동가는 아무리 가짜라 해도 상어 지느러미를 어엿한 식품으로서 대중에게 공급하는 것을 반대했다. 중국 당국은 2013년부터 정부 주최 만찬에 샥스핀 요리를 올리는 것을 금지하기도 했다.

두 사람은 낙담했으나 방향을 바꿔 새우를 다음 제품으로 선택했다. 새우는 인기 있는 해산물로, 미국에서만 매년 10억 파운드가 소비된다. 새우는 저인망(바다 밑바닥으로 끌고 다니면서 깊은 바닷속 물고기를 잡는 그물) 어업이든 양식업이든 생산에 적잖은 부작용이 따른다. 새우 어업에 종사하는 노동자는 치사율이 높고 저인망 어선에서는 노예 노동이 강요되고 있는 실정이다. 새우 양식은 환경에 나쁜 영향을 끼친다. 겨우 2파운드의 새우를 얻기 위해 5평방 마일의 맹그로브 숲을 벌목하고 그 자리에 양식장을 세우고 있다.

도미니크는 UCSD에서 학생들에게 조류가 얼마나 경이로운 자원인지에 관해 가르치고 있었는데, 이 덕분에 조류가 대체 새우를 만들 재료로 적합하다는 데 생각이 미쳤다. 조류는 단백질 함량이 높은 데다 응용 가능성이 무궁무진했다. "저희 새우는 실험실에서 탄생한 게 아니에요. 오히려 빵을 만드는 것과 생산 과정이 비슷한데, 조류가 밀가루인 셈이죠."(도미니크) "저희는 식감에 가장 먼저 초점을 맞췄어요." 두 사람의 레시피는 비밀이지만, 해조류와 조류가 큰 부분을 차지하고 있다고 한다.

이들은 지속 가능한 단백질의 새로운 시대가 열렸음을 알리기 위해 회사 이름을 뉴 웨이브 푸드(New Wave Foods)라고 짓고, 당장 개발에 착수했다. "해산물에 이런 식으로 접근한 기업은 없었기 때문에, 대신 대체육을 떠올려보면 이해하기 쉬우실 거예요." 도미니크는 기자들에게 말했다. 이어서 두 사람은 UCSD에서 의생물 공학을 전공하고 있던 제니퍼 케임스(Jennifer Kaehms)를 영입한다.

그리고 인디바이오의 지원에 힘입어 4개월 후 시제품을 만들어내는 데 성공한다. 이들이 개발한 새우는 그리 크지 않은 크기로 분홍색(홍조류를 활용했다)을 띠고 있었다. 직접 먹어보니 탱글탱글하고 쫄깃하며 약간 아삭했다. "저희는 새우의 세포 조직을 배양하는 것이 아니라 빵 한 덩어리를 굽는 것과 비슷한 방식으로 대체 새우를 만들어요."(도미니크) 뉴 웨이브 푸드가 내놓은 시제품은 5분 만에 동이 났고, 언론의 인터뷰 요청이 줄을 이었다.

✧

처음 몇 차례 TV에 출연할 당시, 도미니크는 들뜨고 긴장한 모습이었다. CGTN 아메리카(CGTN America)에 출연했을 때는 공동 창업자인 미셸과 함께였는데, 검은색 블레이저를 차려입은 두 사람(도미니크는 산호 모양의 초록색 목걸이도 착용했다)은 등 뒤로 서로의 손을 꼭 잡고 있었다. 기자가 새우 제품 한 마리를 입에 넣을 때까지도 도미니크는 억지로 웃는 것처럼 보일 정도였다. 그러나 기자가 질문을 던지자, 얼굴에서 긴장이 사라졌다. 도미니크는 과학, 그리고 바다에 관해 즐겁게 이야기하기 시작했다. 더없이 편안하게 느끼는 화제였기 때문이다.

"저희 제품이 '코셔 식품(Kosher food, 유대교 율법에 맞는 식품)'이라는 것도 알고 계신가요?" 도미니크가 다른 진행자에게 물었다. 그녀의 말은 처음에 농담처럼 들렸다. 랍비 세 사람이 생명 공학 벤처 인큐베이터로 찾아왔다는… 그런데 정말이었다. 뉴 웨이브 푸드의 새우는 이들의 심사를 통과해 유대교 율법에 따라 먹어도 좋은 먹거리라는 인증을 획득했다. 굉장한 일이었다.

또 다른 운도 따랐다. 지속 가능성을 회사의 최우선 과제로 삼고 있는 구글이 뉴 웨이브 푸드에 관심을 보인 것이다. 뉴 웨이브 푸드는 수백 명의 기술 전문가가 끼니를 해결하는 구글 카페테리아에 팝콘 새우를 납품할 기회를 얻었다. "구글에서는 알러지와 각종 식이 방식을 고려한 식사를 제공합니다. 새우 대체 식품이 개발됐다는 것은 무척 반가운 일이죠." 구글 카페테리아 주방장 JP 레예스(JP Reyes)의 말이다. 그는 이 새우를 빵가루, 양념과 섞은 뒤 그릴에 올려 바삭한 식감을 더했다. 구글은 뉴 웨이브 푸드의 새우를 90킬로그램 주문했다. 뉴 웨이브 푸드의 또 다른 초기 고객은 몬터레이만 수족관(Monterey Bay Aquarium) 카페였다. 이 카페로서도 처음으로 식물 기반 대체 식품을 메뉴에 올린 것이었다.

'우리는 해양 생태계가 아니라 해산물 시장을 뒤엎는다(Disrupting Seafood, Not Oceans)', 뉴 웨이브 푸드의 슬로건이었다(지금은 '식물성 원료로 즐기는 미식Plant-Based Deliciousness'이라는 슬로건을 사용한다). 물론 어떤 가공 방식이든 탄소 발자국을 남길 수밖에 없지만, 조류가 원료일 때는 상당히 최소화된다. 새우 양식장의 수명은 물이 심각한 독성을 띠기 전까지로 평균 6년에 불과하며, 그때는 또 다른 맹그로브 나무가 베어져나간다.

뉴 웨이브 푸드는 하락세를 겪기도 했다. 제니퍼가 다른 프로젝트에 집중하기 위해 팀을 떠난 것이다. 남은 두 사람은 허둥대면서도 그녀의 역할까지 해내기 위해 전력투구했다. 제니퍼는 이미 떠나고 없었으니까.

뉴 웨이브 푸드는 조류를 먹는 것에 대한 사람들의 편견과도 맞서 싸워야 했다. "사람들한테 소개하면 보통 이런 반응이 돌아와요, '그게 먹어도 되는 건가? 해캄 아니에요?'."(도미니크) 그녀는 사람들의 마음을 바꾸기 위해 애썼다. "조류는 바다의 근간을 이루는 요소 중 하나이기도 해요." 때로는 이 장애물을 뛰어넘는 날이 올 수 있을지 의문이 들기도 했다.

그런 와중에 도미니크는 다시 행운을 잡았다. 2018년, 식품업계에서 기업 성장 및 브랜딩 전략을 이끌며 30여 년 동안 중역으로 활동해온 매리 맥거번(Mary McGovern)이 고문으로 합류하게 된 것이다. 뉴 웨이브 푸드의 상품에 매료된 매리가 CEO로서의 역할을 맡아주자, 도미니크와 미셸은 제품 개발에 집중할 수 있었다. 매리는 협상을 통해 타이슨 푸드(Tyson's Foods)와 거래를 진행했고, 타이슨 푸드는 2019년, 뉴 웨이브 푸드의 지분을 10~15퍼센트 사들였다. 참고로 타이슨 푸드는 육류업체로 매년 400억 달러를 벌어들이고 있다. 이 기업이 대체 생선에 투자한다는 것은 도미니크와 미셸이 제대로 된 길을 개척하고 있다는 의미이기도 했다.

이들은 현재 샌프란시스코의 레스토랑 두 곳과 뉴욕의 레스토랑 한 곳에 대체 새우를 납품하고 있으며, 2021년에 더 많은 곳으로의 납품 계획이 잡혀 있다.

"바다에서는 과도한 어획이 이어지고 있으며, 해수의 온도가 상승하고 있습니다." 식품 및 기술 전문 기자 라리사 짐버오프(Larissa Zimberoff)는 말한다. 라리사는 《테크니컬리 푸드: 식물성 대체육 비즈니스와 먹거리를 둘러싼 통제권 다툼

Technically Food: The Business of Plant – Based Meat and the Battle to Control What We Eat》(2021)이라는 책을 쓰기도 했다. "우리가 깨닫지 못한 방식으로 전 지구의 환경 생태계에 치명적인 영향을 끼칠 것입니다. 해산물 수요가 줄기는커녕 늘고 있는 상황에서 식물이나 세포를 기반으로 유사하게 만들어낸 대체 식품이 바다에서 자행되는 남획 문제를 해결하는 데 결정적 기여를 할 것으로 기대합니다."

그녀는 세포 기반 해산물에는 항생제, 미세 플라스틱, 수은 등이 포함돼 있지 않을 테니 "훨씬 건강하다고 봐도 무방할 것"이라고 말한다. "밀레니얼 세대와 Z세대는 미션을 갖춘 기업이 제조하고 투명한 공급망을 통해 유통하는 지속 가능한 식품을 소비하고 싶어 합니다. 이러한 식품을 전면적으로 유통하고 소비하기까지는 아무래도 시간이 걸리긴 할 겁니다."

킴벌리와 도미니크는 한 번에 한 걸음씩 나아가며 지구를 구하기 위해 최선을 다하고 있다. 이에 더해 두 사람은 비즈니스 감각도 뛰어나다. 대체 식품 시장은 날로 커지고 있으며, 식물 기반 식품업계는 2019년에 45억 달러를 벌어들였

다. 그리고 생선 대체 식품 시장을 장악하고 있는 것은 두 사람의 스타트업이다. 2019년 글로벌 팬데믹의 발생과 지속이 식물 기반 식품 시장의 성장 요인으로 작용하기도 했는데, 팬데믹으로 인해 의식적인 소비를 실천하는 사람이 늘어났기 때문이다. 미국 식물기반식품협회(Plant - Based Foods Association)의 발표에 따르면 2020년 4월, 식물 기반 식품의 매출은 전년도 동기 대비 90퍼센트나 상승했다.

킴벌리는 속도를 늦추지 않았다. 2019년 가을, 킴벌리는 캘리포니아주 샌 린드로에서 버클리로 사무실을 이전했다. 킴벌리는 새로 이사한 곳이 아주 마음에 들었다. 훌륭한 부엌, 그리고 레스토랑으로 탈바꿈시킬 수 있는 공간이 갖춰져 있었기 때문이다. 2020년, 킴벌리의 목표는 프라임 루츠의 제품을 더욱 많은 사람에게 전하는 것이다. 이를 위해 소시지, 치킨텐더, 단백질바, 크랩 케이크(게살과 빵가루를 섞어 만드는 어묵과 비슷한 음식), 바닷가재, 새우, 연어 버거를 포함해 많은 식품을 개발하는 중이다. 2020년 2월에는 베이컨을 한정적으로 출시하기도 했다. 출시를 앞뒀으나 아직 대중에 공개되지 않은 프라임 루츠의 제품을 맛보는 방법이 한 가지 있다. 바로 킴벌리가 개인적으로 주최하는 저녁 모임에 참가하는 것이다(킴벌리의 웹사이트를 통해 무료로 참가 신청을 할 수 있다).

프라임 루츠가 성장 가도를 달리고 있음에도 킴벌리는 축배를 들기 위해 여유를 부리지 않는다.

"계속 움직여야죠, 시간이 촉박하니까요. 우리에게 지구는 하나뿐인 걸요."(킴벌리) "이전 세대에게 중요했던 사치스러운 고민은… 앞으로 할 겨를이 없을 거예요. 지구가 망가지고 있고, 우리는 살 곳을 잃을 걱정을 해야 하는 처지니까요."

쉬고 싶을 때면 킴벌리는 종종 까다롭게 제조된 목테일(mocktail, 무알코올 칵테일)이나 CBD(환각 작용이 배제된 대마로부터 진정 작용을 얻기 위해 추출한 성분)가 첨가된 차를 마신다. "저를 비롯해 많은 Z세대는 이렇게 정신 활동에 지장을 주지 않는 음료를 즐겨 마셔요." 킴벌리는 밀레니얼 세대의 음주 문화가 심각한 문제라고 생각한다. 킴벌리는 자신의 강아지와 포옹을 할 때 휴식을 느낀다. 저먼 셰퍼드와 핏불 테리어, 차우차우 종이 섞인 강아지로 킴벌리는 그를 츄바카(Chewbacca, 영화 〈스타워즈〉 시리즈의 등장인물)의 이름을 따 츄이(Chuy)라고 부

른다. "츄이를 안고 있으면 정말 기분이 좋아요!" 킴벌리가 페이스북에 올린 내용이다.

엄밀히 따지면 24살의 킴벌리는 대학을 마치지 못했다. 그런데 대학을 중퇴했으면서 킴벌리만큼 많이 배운 사람도 없는 것 같다. 사실 킴벌리는 UC 버클리에서 세 가지 학위를 99.9퍼센트 수료한 상태다. "사실 손가락 하나만 까딱하면 학위 세 개를 취득할 수 있긴 하죠."(킴벌리) 그래서 어머니가 자신에게 늘 잔소리를 하고 있다고 한다. 하지만 킴벌리는 만약을 대비해 이 상태를 유지하고 싶어 한다. 무슨 일이 생겼을 때 대학으로 돌아가 더 많은 수업을 들을 수 있는 여지를 남겨두고 싶은 것이다.

킴벌리는 지금, 과거의 자신처럼 굶는 사람이 없는 세상을 만들기 위해 전력을 쏟고 있다. 킴벌리에게 가장 중요한 것은 이 일이지, 명성은 개의치 않는다. "저는 수백만 명, 아니, 수십억 명의 사람들에게 의미 있게 와 닿을 뭔가를 만들어내고 싶어요. 이걸로 유명해질 필요는 없어요. 지속 가능한 단백질 공급원을 개발해서 수십억 명의 사람들에게 공급할 수 있게 되면 굉장히 행복할 것 같아요."

3장

# 귀엽고 아량 있는 로봇과 공존하는 미래

2018년, 딜리전트 로보틱스(Diligent Robotics)의 공동 설립자 비비안 추(Vivian Chu)는 병원용 로봇인 목시(Moxi)가 갖춰야 할 중요한 특성을 꼽아봤다. 일단 안전하고, 신뢰할 수 있으며, 귀여워야 할 것 같았다. 귀여움은 보통 병원에서 요구되는 덕목이 아니긴 하지만, 정말 그렇다면 광택이 도는 흰색 외양의 키 150센티미터, 한 팔 로봇 목시를 보고 간호사와 환자들이 어떤 반응을 보일지 신경 쓸 필요가 없었을 것이다. 전원을 켜면 LED 불빛이 들어오며 목시가 눈을 깜빡인다. 사람들이 목시의 이름을 불렀을 때처럼 정말 기분이 좋을 때는 눈에 작은 하트가 나타난다. "저희가 바라는 것은 목시가 간

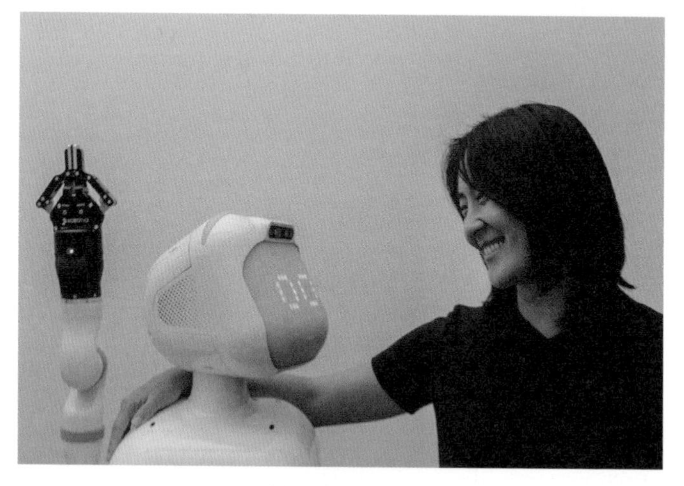

사진 위. 기뻐하는 목시
사진 아래. 서로 교감하는 목시와 비비안 추

호 팀의 어엿한 일원이 되는 거예요."(비비안) 즉 위협적으로 느껴지지 않고, 침구류나 약물을 운반하는 것과 같은 단순 작업을 수행할 수 있으며, 궁극적으로 현행 의료 시스템에 완벽하게 녹아드는 것이다.

텍사스주 갤버스턴의 텍사스 장로 병원(Texas Health Presbyterian Hospital)에서 비비안은 목시가 바퀴 달린 발로 복도를 오가며 데뷔하는 순간을 초조하게 지켜봤다. 사람들이 소름 끼쳐 하면 어쩌지? 화를 내진 않을까? 간호사는 목시를 대체 인력으로 받아들일까, 아니면 침입자로 받아들일까?

처음에 간호사들은 목시를 수상쩍게 여기고 못 미더워했다. 사용법을 익혀야 하는 또 다른 첨단 기술 도구는 아닐까? 순조로운 일상의 업무를 방해하지는 않을까?

비비안은 이러한 우려에 대해서도 대비를 했다. 목시가 병원 복도에서만 움직일 수 있으며, 병실에는 들어갈 수 없도록 설정한 것이다. 비비안은 목시가 사람에게 길을 비켜줄 수 있도록 뛰어난 공간 감지 센서를 장착하고, 사람의 질문을 받으면 작은 소리를 내며 머리를 한쪽으로 기울이도록 프로그래밍했다. 사람들은 거의 매일 다른 사람으로부터 이와 비슷한 비언어적 신호를 받는다. 따라서 사람이 목시에게 빨리 적응할 수 있도록 목시도 그와 같은 행동 양식을 보이도록 설정한 것이다. "소셜 로봇 공학(Social Robotics, 여기서 '소셜 로봇'이란 의사소통과 사회적 행동을 통해 사람과 상호 작용을 하는 로봇을 가리킨다)이 해결해나가야 할 과제라고 할 수 있어요. 우리는 사람들이 로봇에게 어떤 말을 건네는지, 그리고 로봇은 그 말을 어떻게 이해하고 대화에 응하는지 알아내야 하죠."(비비안)

간호사들은 곧 목시를 좋아하기 시작했다. "안녕, 목시!" 간호사들은 목시가 병동에 들어오면 인사를 건넸다. "잘 가, 목시!" 목시는 (간호사의 일을 방해하지 않도록) 간호사가 교대 후 근무를 시작한 지 두 시간 후 제 일을 시작하도록 프로그래밍돼 있었다. 그런데 이 때문에 목시는 비난에 직면했다. "간호사들이 '너 너무 게으른 거 아니야, 목시? 우린 벌써 몇 시간째 일하고 있는걸!' 같은 이야기를 하기 시작한 거예요." 비비안의 말이다. 그래서 비비안은 목시의 활동 시작 시각을 조정했다. 목시는 단시간에 간호사들의 일원으로 자리를 잡았다. 간호사들은 일과 중 목시에게 허물없이 말을 건넸고, 휴식 시간에는 셀피를 함께 찍었다. 비비안은 비로소 한숨을 돌렸다. 목시가 무탈하게 간호사 사회에 섞여들기를 바랐지만, 사실 어떻게 될지는 전혀 알 수 없었기 때문이다.

목시는 비비안이 의도한 대로 귀여운 모습을 지녔지만, 사람을 즐겁게 하고 함께 셀피를 찍는 것은 목시의 부차적 임무에 불과했다. 목시의 귀여운 외형은 목적을 위한 수단이라고 할 수 있었다. 목시는 병원 업무에 실질적인 도움을 주기 위해 탄생한 로봇이었다. 오늘날 사람들은 그 어느 때보다 오랜 삶을 누린다. 물론 굉장한 일이다! 그런데 이는 사회가 고령 인구를 적절히 보살필 수 있어야 한다는 뜻이기도 하다.

✧

현재 미국은 의료와 물리 치료, 교육, 심지어 돌봄 산업에 이르기까지 대대적으로 현장의 숙련된 일손이 모자란 상황이다. 2030년이 되면 미국인 5명 중 한 명이 65세 이상으로, 이는 커다란 사회 문제가 될 것이다. 아무런 조치가 없으면 2030년 무렵 캘리포니아에서는 4만5천 명, 텍사스주에서는 1만5천 명의 간호사가 부족할 것이다. 그때가 되면 약 80만 명의 새로운 간호 인력이 필요할 텐데, 지금의 추세로 볼 때 이를 충족시키기란 턱도 없다. 간호업계의 저임금, 직장 내 폭력(인력 부족으로부터 기인하기도 한다), 번아웃 문제, 인력 양성에 대한 투자 부족 등이 원인으로 꼽힌다.

로봇 공학은 이 문제를 해결할 수 있는 한 가지 방법이다. 적잖은 사람이 '로봇이 인간의 일자리를 빼앗을 것'이라고 우려한다. 하지만 지금 당장 이 일자리를 메울 인력이 충분하지 않은 것이 현실이다.

이에 로봇 자동화가 공급과 수요의 격차를 줄일 수 있지 않을까 하는 것이다. 로봇은 기존의 서비스를 완전히 대체하는 것이 아니라 보완하는 셈이다. 간호 인력난 해소를 넘어, 간호사가 과도한 업무량으로 번아웃에 빠지는 위험을 방지할 수 있는 조치다. 간호업계는 여성의 과로 부담이 특히 두드러지는 현장이다. 현직 간호사의 91퍼센트가 여성이며, 이들이 번아웃을 호소하는 비율은 30~40퍼센트에 이른다. 즉 100명 중 35명이 일을 그만둔다는 뜻이다. 간호사의 번아웃 경험은 그들 자신의 건강에 해로운 것은 물론, 간접적으로 사회의 모든 사람의 건강에도 나쁜 영향을 준다.

✧

비비안은 이 문제를 해결하는 데 도움이 되고 싶었다. 간호사는 해야 하는 일이 너무 많아서 실제로 환자와 함께 보내는 시간은 근무 시간의 37퍼센트밖에 되지 않는다. 나머지 시간은 침대 시트를 교체하고 바닥을 청소하는 것과 같은 잡무에 소요된다. 비비안은 만일 목시가 의료 업무와 상관없는 이 일을 대신 처리한다면, 간호사가 자신이 돌보는 환자와 더 많은 시간을 보낼 수 있을 것이라는 데 생각이 미쳤다. "간호사가 무엇보다 중요한 일에 집중할 수 있도록 그들의 시간을 되찾아주는 것이죠."(비비안)

의료업계는 비비안에게 새로운 분야였다. 자신이 의료 관련 일을 하게 될 것이라고는 한번도 고려해본 적이 없었다. 비비안은 샌프란시스코 베이 에어리어에서 자랐고, 비디오 게임을 굉장히 좋아했으며, 학교에서는 스포츠에 열중했다. 특히 테니스와 농구를 즐겼고, 언젠가 NBA 선수가 되기를 꿈꿨다. 물론 지금은 남자 선수밖에 없지만, 훗날엔 분명 다를 테니까. 그녀는 매년 거울에 비친 자신의 모습을 보며 키가 쑥쑥 자라기를 바랐다. 아시아인 퀴어 여성에게 농구를 할 기회가 올지 어떨지는 알 수 없어도, 능력만 출중하다면 다른 것은 아무 문제가 되지 않을 것 같았다. 그러나 자신의 최종 키가 162센티미터 정도라는 사실을 깨닫고 나서는 꿈을 버릴 수밖에 없었다(NBA 역사상 가장 작은 선수는 160센티미터였는데, 그 선수가 뛴 것은 1987년도였다). 비비안이 다음으로 좋아하는 과목은 수학과 과학이었고, 그녀는 곧 이 분야를 바탕으로 보다 현실적인 계획을 세우기로 했다.

비비안은 전기 공학과 컴퓨터 공학을 전공하기 위해 UC 버클리에 진학했다. 그런데 과학을 택하긴 했지만, 정확히 무엇을 전문적으로 배워야 할지에 대해서는 확신이 없었다. 비비안의 전공은 범위가 정말 넓었다! 비비안은 기초 프로그래밍 수업을 들었지만, 기대한 것과는 차이가 있었다. 모든 게 너무 복잡했다. 이론이 한두 가지가 아니었다! "윈도우를 컴퓨터에 설치하는 것쯤이야 일도 아니었죠… 근데 그게 제가 할 수 있는 전부라는 게 문제였달까요." 비비안은 다른 학생은 한 시간이면 마치는 숙제에 몇 시간을 더 들이고, 이 수업을 끝까지 듣기 위해 애썼다. 비비안은 스크린에 떠오르는 추상적 숫자를 현실 세계의 사물과 연결 짓는 데 어려움을 느꼈고, 프로그래밍이 자신과 잘 맞지 않는 것 같았다.

3학년이 된 비비안은 로봇 공학 입문 과정에 등록했다. 첫 수업에 진공 청소 로봇 룸바를 가져온 교수는 학생들에게 룸바를 위한 프로그램을 설계해보라고 했다.

비비안은 룸바가 머리에 달린 센서를 이용해 고도 차이를 감지하며 경사로를 오르내릴 수 있도록 설계했다. "그 순간 저는 로봇이 세상을 감지하고 반응할 수 있다는 것, 프로그래밍이 실제로 세상을 바꾸는 일이라는 사실을 깨달았어요."(비비안) 룸바가 자신의 명령에 즉각 반응하는 것을 보면서 비비안은 신세계를 만난 기분이었다. 머릿속에 불이 켜진 것 같았다. 그때부터 비비안은 프로그래밍을 즐기게 됐다. "드디어 프로그래밍을 통해 실생활을 변화시킬 수 있다는 것, 로봇이 사람의 삶을 개선할 수 있다는 걸 알게 된 거죠." 비비안은 연구실에 오래 머물기 시작했다. 한 번에 13시간을 쉬지 않고 프로젝트에 몰두하기도 했다. "밥 먹는 것도 까먹을 정도였다니까요." 배우고 싶은 것이 정말 많았던 것이다. 여름 방학에는 IBM이나 구글X 등 기술 허브인 베이 에어리어의 여러 회사에서 인턴을 했다.

비비안이 연구하는 로봇은 어린 시절 영화에서 본 로봇과는 차이가 있었다. 룸바도 그녀가 제일 좋아하는 로봇 캐릭터인 〈스타워즈〉 시리즈의 R2-D2와 거리가 멀어도 한참 멀었다. 하지만 그렇대도 비비안은 로봇의 잠재력을 이끌어낼 수 있었다.

대학 졸업 후, 비비안은 로봇 공학 연구를 중점적으로 하는 여러 대학원 프로그램에 지원했다. 대다수 프로그램의 책임자가 남성이었다. 당연히 모두 선구적인 아이디어를 갖춘 유능한 이들이었다. 하지만 그중 비비안의 눈에 띈 것은 조지아 공과 대학의 안드레아 L. 토마즈(Andrea L. Thomaz) 교수가 이끄는 소셜리 인텔리전트 머신 랩(Socially Intelligent Machines Lab)이었다. "제가 여성이 주도하는 환경을 편하게 느끼고 선호하는 것은 맞지만, 그 이유 때문에 선택한 것은 아니었어요."(비비안) 비비안은 안드레아 교수의 소셜 로봇 공학 연구에 매료됐다. "안드레아 교수님의 연구소는 정말 굉장했어요. 로봇 공학의 미래가 여기에 있구나, 그런 생각을 했죠." 비비안은 2013년부터 소셜리 인텔리전트 머신 랩에서 일하기 시작했다.

2016년이 되자 안드레아 교수가 비비안을 불렀다. "회사를 차려볼까 하는데, 같이할 생각 있어요?" 비비안은 고민할 것도 없이 바로 제안을 받아들였다. 안드레아 교수와는 늘 호흡이 척척 맞았고, 비비안은 그녀의 작업 방식과 추진력을 존경하고 있었기 때문이다. 게다가 공동 창업 제안이라니, 비비안은 둘도 없는 기회라는 것을 직감했다. 두 사람은 동등한 파트너십 관계를 맺게 될 터였다. "UC 버클리에서 경영 수업을 듣기도 했고, 또 베이 에어리어 출신이다 보니 스타트업을 창업하는 일은 알게 모르게 늘 염두에 있었던 것 같아요. 마침내 기술을 실생활에 도입하는 작업에 착수한다고 생각하니 무척 설렜죠."

내내 기업의 고문으로만 활동하다가 공동 설립자가 되는 것은 흥미진진한 모험이었다. 비비안은 안드레아의 의견에 무조건 동조하기보다 좀 더 자신의 목소리를 내기 위해 노력했다. 그리고 로봇 도입에 따른 기대 효과가 큰 산업 현장이 어디일지 논의한 결과, 두 사람은 시급한 현안이 산재해 있는 병원이라는 데 뜻을 모았다. "현장에 적잖은 영향을 일으킬 수 있고, 또 분명한 수요가 있다고 판단했죠. 기술은 업무

부담을 덜어줄 수 있으니까요."

두 사람은 미국국립과학재단(National Science Foundation)으로부터 지원금을 확보해 임상 현장에서 시간을 보내며 많은 것을 배울 수 있었다. 4개월에 걸쳐 150시간 이상을 지역 병원에서 간호사들을 따라다녔다. 클립보드와 노트를 들고 살균된 연노랑 빛 복도를 부지런히 오갔다. 하루 종일 병원에 머무는 것은 비비안에게 엄청난 경험이었다. 비비안은 자신은 물론 가족이나 가까운 친구도 중병을 앓은 적이 없었다.

비비안은 들어서는 곳에서마다 참을 수 없는 고통에 울거나 비명을 지르는 사람들을 목격했다. 그리고 소독약 냄새가 코를 찔렀다. 간호사는 수많은 업무를 동시에 처리하느라 복도를 뛰듯이 오가며 일했다. 그 와중에 환자를 위해 침구, 환자복, 의약품, 그 밖의 여러 물품도 날라야 했다. 간호사는 12시간 이상을 서서 일했는데, 비비안은 몇 시간 서 있는 것만으로도 발 통증에 시달렸으며 하루가 끝날 무렵에는 몸도 마음도 무겁고, 기진맥진했다. 간호사는 정말이지 대단했다. 하지만 다행히 개선의 여지는 있었다. "제가 공감하는 모든 고충 사항이 간호업계에 있었죠." 예컨대 깨끗한 시트나 거즈

가 필요할 때마다 간호사가 복도 끝에 있는 비품실까지 달려가 갖고 와야 하는 상황이 무척 비효율적으로 보였다.

"간호사가 스트레스를 덜 받으며 비품을 손쉽게 가져다 쓰는 환경을 만들고 싶었어요." 비비안은 특별한 깨달음의 순간이 있었던 것은 아니지만, 계속해서 병동에 머물며 관찰을 하다 보니 자연스레 알게 됐다고 한다.

비비안과 안드레아는 실험실에서 작업에 돌입했고, 전기 회로를 연결하고 코드를 입력했다. 두 사람의 첫 번째 목시는 폴리(Poli)였다. 폴리는 오렌지색과 흰색의 광택 도는 볼링핀 형태로 얼굴이 없었다. 또 바퀴가 달려 있었으며, 몸체 중간에 팔이 툭 튀어나와 있었는데, 어딘가 영화 〈에일리언〉 캐릭터를 연상시킨다는 것을 부정할 수 없었다. 썩 마음에 들지 않았던 두 사람은 다시 도전했다. 이번에는 머리와 얼굴을 추가하고, 팔을 몸체 측면에 달았다. 팔이 하나인 것은 예산 제약 때문이었다. 로봇 팔을 한 개 추가하려면 3만 달러 이상의 비용이 소요되므로, 두 사람은 일단 목시의 실용성을 증명한 후 두 번째 팔을 달기로 했다. "로봇이 하나의 팔로 할 수 있는 일은 상당히 많아요."(비비안) 목시는 팔이 210센티미터까지 늘어나서 아무리 좁은 모서리와 선반이라도 접근할 수 있으며, 그리퍼(gripper, 로봇 몸체에서 사람의 손 역할을 하는 부분)가 달려 있어 온갖 모양과 크기의 물건을 집을 수 있었다. 두 사람은 또 목시가 환자의 전자 건강 기록을 열람할 수 있도록 설계해 환자의 치료 방침에 변동 사항이 생기면 목시가 대응할 수 있도록 했다. 만일 간호사가 환자 A의 혈액 검사를 예약하면, 목시가 그 일정에 맞춰 환자 A의 병실로 가 혈액 샘플을 수거한 뒤 검사실로 배달한다. "사람은 얼굴과 눈을 갖춘 대상을 만나면 직관적으로 관계를 형성합니다. 저희의 궁극적 목표는 목시가 그러한 대상으로서 간호사의 동료로 인정받고, 신뢰할 수 있는 의료 현장의 일원이 되는 것입니다." 안드레아가 딜리전트 로보틱스의 블로그에 올린 내용이다.

진척 상황에서 확신을 얻은 두 사람은 투자자 유치에 시동을 걸었다. 그런데 관심을 보이는 투자자들이 있었으나, 두 사람은 소극적 태도를 버려야 한다는 조언을 들었다. "저희가 여성이기 때문에 더욱 까다로운 기준이 적용된 거죠."(비비안) "좀 더 자신감 있게 걸어라. 말하자면 남성처럼 당당하게

자기 가슴을 두드리는 퍼포먼스도 주저 없이 해야 투자자가 아낌없이 돈을 쏟아 넣지 않겠냐는 얘기였어요." 하지만 실현되기 어려운 허황된 약속을 하는 것은 비비안의 스타일이 아니었다. 비비안은 덜 약속하더라도 더 많은 성과를 안겨주고 싶었다. 그리고 두 사람의 판단은 결실을 거뒀다. 2018년 초에 트루 벤처스(True Ventures, 유명한 벤처캐피털 회사)가 두 사람을 믿고 210만 달러를 투자한 것이다. 마치 순풍을 탄 것 같았다.

2018년 봄이 되면서 4개 병원의 협력을 얻어 목시의 베타 테스트를 시작했다. "목시는 간호사가 의지할 수 있는 제3의 팔이라고 할 수 있어요." AMR 헬스케어 컨설팅(AMR Healthcare Consulting)의 알리야 에런(Aliya Aaron)이 말했다. "간호 현장의 업무 절차를 반영한 외부 일손을 도입해 새로운 효율화를 도모하는 것은 간호사의 피로와 스트레스를 줄이는 데 큰 도움이 될 거예요." 딜리전트 로보틱스 직원이 늘 목시를 따라다녔다. 그래야 문제가 드러날 때마다 바로잡을 수 있고, 세상의 많고 많은 질문에 답할 수 있기 때문이었다. "로봇이 할 수 있는 일이 정말 많은데도 불구하고, 아직 대중에는 잘 알려져 있지 않아요."

그런데 모든 일이 늘 계획대로 흘러가는 것은 아니다. 한 번은 목시가 더러운 침구를 모아 처리하는 능력을 시연하려고 했다. 목시가 병실에서 사용된 침구를 수거한 뒤 오물 처리실까지 이동하면, 그곳에서 기다리고 있던 감염 통제 책임자가 목시가 업무를 완료했다는 사실을 확인해줄 예정이었다. 목시가 실제로 어떻게 작동하는지 보여주는 시범 운행이었으므로 비비안과 안드레아는 자신들의 겉옷을 벗어 침구 수거함에 넣었고, 목시는 그걸 들고 복도를 지나 오물 처리실까지 갔다. 수거함을 확인한 감염 통제 책임자는 목시의 운반 능력에 대해 격찬을 아끼지 않았고, 두 사람은 기뻐서 가슴이 벅차올랐다. 그러고 나서 이들은 제각기 클립보드를 들고 병동을 오가며 자신의 업무로 돌아갔다.

그런데 이후, 안드레아는 자신의 겉옷을 가지러 갔다가 옷이 그곳에 없다는 사실을 알아차렸다. 모든 침구 수거함이 사라지고 없었다. 간호사들을 통해 폐기물 수거차가 가져갔다는 걸 알 수 있었다. 두 사람은 깜짝 놀라 주차장으로 달려갔고, 막 떠나려던 참인 트럭을 간신히 붙잡을 수 있었다. 안

드레아는 트럭 짐칸에 올라 퀴퀴한 냄새를 참으며 빼곡한 수거함들을 뒤졌다. 과연 이 속에서 찾을 수 있을까? 그저 운이 좀 없었다고 여기고 내려가야 할까? 그러다 마지막 수거함에서 두 사람의 겉옷을 찾았다. 자동차 키와 지갑을 비롯해 여러 가지 소지품이 들어 있는 겉옷이었다. 두말할 것도 없이 그날 밤 안드레아는 평소보다 뜨거운 물로 오래 샤워를 해야 했다.

✧

비비안은 의료 분야에 집중하고 있지만, 로봇이 일을 돕는 방법은 그 밖에도 무수히 많다. 병원은 가까운 미래에 자동화로 환경을 개선할 작업 현장 중 한 예일 뿐이다.

사업가이자 미식가인 줄리아 콜린스(Julia Collins)에게 로봇의 쓰임새로 가장 먼저 떠오른 것은 '피자'였다. 줄리아는 쭉 피자를 좋아했다. 모차렐라 치즈를 가득 채운 씬 크러스트 피자(얇은 도우를 여러 겹 쌓은 피자), 올리브와 페퍼로니를 넣은 딥디쉬 피자(도우가 두꺼운 피자), 후추를 듬뿍 친 이탈리아

스타일 피자 등, 피자라면 종류를 가리지 않고 좋아했다. 그래도 가장 좋아하는 피자를 딱 한 가지 골라야 한다면 그 주인공은 평범한 마르게리타 피자라고 한다. "토마토소스와 치즈, 거기에 바질이 약간 들어간 조합은 가히 환상적이죠!" 그러나 피자를 만드는 것은 하고 싶은 일이 아니었다. X세대 흑인 여성으로서 부엌에 오래 머무는 것은 그녀의 인생 계획에 포함돼 있지 않았다. 그 대신 그녀는 줌(Zume) 피자 로봇을 생각해냈다. 소스를 뿌리고, 반죽을 뒤집고, 모양새를 제대로 갖춘 피자를 만들어내는 로봇 말이다.

줄리아는 샌프란시스코에서 자랐고, 어렸을 때부터 음식에 푹 빠져 있었다. 샌프란시스코는 온갖 음식을 맛볼 수 있는 도시로, 새로운 맛을 찾아다니는 호기심 많은 줄리아에게 천국과 같은 곳이었다. 줄리아에게 음식은 편안함과 행복, 유대를 의미했다. 그리고 줄리아에게 할머니의 치즈 그릿츠(cheese grits, 굵게 빻은 옥수숫가루에 치즈를 넣어 죽처럼 끓인 음식)는 이 모든 감정을 안겨주는 소중한 음식이었다. 그러나 줄리아의 가족은 그녀가 요식업에 관심을 두는 것을 탐탁하게 여기지 않았다. 줄리아가 어릴 때 음식과 관련된 일을 하는 것이 자신의 꿈이라고 말하자 할머니가 울면서 방을 나간 적도 있었다.

줄리아의 부모는 우선 학위를 취득하는 것이 어떻겠냐고 조언했고, 그에 따라 줄리아는 하버드 대학에 입학해 의생물 공학을 전공했다. 줄리아의 부모는 무척 자랑스러워했다. 하버드 대학은 들어가기 쉽지 않은 곳으로, 특히 흑인 지원자의 경우 입학하기가 더욱 어려운 곳이었다. 2017년도 하버드 대학 재학생 중 흑인은 5.35퍼센트에 불과했다.

하지만 줄리아는 줄곧 지금 걷는 길이 자신과 맞지 않는다고, 진짜 자기 자신에 충실할 필요가 있다고 느꼈다. 한 보안 회사에 몇 년간 몸담은 줄리아는 이만하면 충분한 경험을 했다는 판단이 서자, 마침내 미국 서부의 스탠퍼드 경영 대학원으로 향했다. 그녀는 음식을 향한 열정을 사업으로 바꿀 만반의 준비가 돼 있었다. 쉬는 기간 동안, 그녀는 이제 막 문을 연 초창기의 작은 회사였던 쉐이크쉑(Shake Shack, 햄버거가 주력 메뉴인 미국의 프랜차이드 레스토랑)에서 인턴을 했다. 쉐이크쉑이 성장해 나아가는 모습을 보며 줄리아는 자신의 사업을 일으키고 싶은 열망이 타올랐다.

2010년에 줄리아는 친구 둘과 합심해 맨해튼에서 점심시간 직장인을 상대로 멕시코 BBQ 요리를 판매하는 푸드 트럭, 멕시큐(Mexicue)를 시작했다. (지금은 3개의 점포가 있다.) 2014년에는 뉴욕에서 아프리카 및 아시아 퓨전 레스토랑 세실(Cecil)을 열었다. 세실은 뉴욕 최고의 레스토랑이 됐지만, 줄리아는 여기에서 만족하지 않았다. 그 무렵 친구 알렉스 가든(Alex Garden)이 로봇 기술을 바탕으로 한 창업을 제안해 왔고, 줄리아는 기회를 잡았다. 맛있고 영양가 있는 피자를 합리적인 가격에 판매한다는 아이디어로, 신선한 음식을 저렴하게 제공할 수 있는 연결 고리는 바로 기술이었다. 줄리아는 새롭게 시작할 준비를 마치고, 뉴욕을 떠나 실리콘 밸리로 갔다.

새로운 도시에서 새로운 일을 시작하기가 쉽지는 않았다. 더군다나 줄리아는 임신 중이었다. 줄리아는 끊이지 않고 투자자를 만났고, 그때마다 자신의 몸 상태를 가감 없이 알렸다. 어쨌거나 감출 수 있는 부분도 아니었다. 회의를 할 때마다 그녀는 대개 그 회의의 유일한 흑인이었으며, 유일한 여성이었다. 줄리아를 반갑게 여기는 사람도 있었으나, 그렇지 않은 사람도 있었다. 하지만 대다수가 줄리아의 배짱에 매료됐다. 2016년 중반, 줄리아는 6백만 달러의 투자금을 확보했고(2018년 11월에는 4억 2,300만 달러에 이르렀다), 피자 제조 로봇을 개발했다. 줄리아는 소스를 뿌리거나 도우를 펴는 등 각각의 일을 전담하는 로봇 조립 라인과 피자 오븐 56대가 설치된 배달 트럭을 갖췄다. 주문에 따라 토핑을 추가하거나 피자의 품질을 관리하기 위해 직원 한 사람이 로봇과 트럭에 동승했다.

"저희의 포부는 사람들의 일자리를 없애는 것이 아니라, 반복적이고 판에 박힌 업무를 기계가 대신하도록 함으로써 사람을 하고 싶지 않은 업무에서 해방시키는 것입니다." 줄리아가 기자들에게 전한 내용이다. "줌은 자동화를 도입함으로써 양질의 안전한 일자리를 창출할 수 있었습니다. 800도에 달하는 뜨거운 피자 오븐에 손을 넣고 빼는 것과 같은 위험한 작업을 사람 대신 로봇이 하도록 했으니까요. 요리사가 계속해서 요리사로서 일을 하지만, 이제 더 이상 지저분하고 위험하거나 따분한 작업은 하지 않아도 되는 거죠."

줌의 비용 효율성은 즉각 증명됐다. 배달 트럭 내에서 피자를 굽고, 오븐에서 갓 나온 피자를 고객에게 배달하기 때문에 일반 피자 가게라면 들었을 간접 비용이 나가지 않았다. 줄리아는 또한 사탕수수와 식물성 섬유로 만든 새로운 재질의 피자 박스도 내놓았다. 피자가 눅눅해지는 것을 막아주며, 100퍼센트 재활용이 가능한 포장재였다.

줄리아는 판매 지역에 있는 지속 가능 농장에서 재료를 조달했고, 다른 피자업체들보다 설탕, 지방, 콜레스테롤 함량이 낮은 피자를 만들었다. 2019년 말에 분석가들은 줌의 가치를 22억 5천만 달러에서 40억 달러로 평가했지만 2020년, 줌은 더 이상 줄리아가 애초에 시작했던 피자 기업이 아니었다. 그해 1월, 50퍼센트 이상의 직원을 감원하고 지속 가능한 포장재와 배달 부문으로 사업 방향을 전환한 것이다. 피자는 가고, 퇴비로 만들 수 있는 피자 박스가 남았다.

줄리아는 2018년 11월에 줌을 떠나 또 다른 스타트업 플래닛 포워드(Planet FWD)를 창업했다. 플래닛 포워드는 식품 제조 과정에서 발생하는 유해 배출물의 최소화와 지구촌 식량 시스템 변화에 초점을 맞춘 기업이다. "저는 변화를 일으킬 민간 기업들의 힘을 믿습니다. 세계 인구에 식량을 공급

하고, 지구를 살리기 위해 노력하는 것, 이것이 제가 매일 아침 하루를 시작하게 하는 원동력입니다." 줄리아는 흑인 기업인을 위한 온라인 플랫폼 아프로테크(AfroTech)에 이렇게 밝혔다.

줄리아와 비비안은 모두 로봇을 활용하되 사람 중심 접근 방식을 취했다. 많은 이들이 달갑게 여기지 않는 작업을 제거함으로써 업무 환경을 개선한 것이다. 사람의 일자리를 대체한 것이 아니었다.

2020년에 비비안은 목시의 업무 범위를 확장하는 데 주력했다. 비비안은 향후 5년 이내에 목시가 의료 생태계의 필수 요소로 자리를 잡고, 10년 내에는 어느 양로원에서나 당연히 볼 수 있는 로봇이 되기를 바란다. 딜리전트 로보틱스는 지금까지 1,580만 달러에 이르는 투자를 받았다. 그리고 비비안과 안드레아 두 사람밖에 없던 회사는 이제 직원 수가 13명이고, 앞으로 그만큼을 더 고용할 예정이다.

비비안은 스타트업을 이끌며 가족이나 친구 들과 충분한 시간을 보내는 일은 과거에도 어려웠고, 지금도 어렵다고 말한다. 하지만 그녀는 일과를 만족스럽게 운영하는 방법을 찾았다. 비비안은 아침 일찍 업무를 시작하는 것을 좋아하고, 사무실에 아무도 없을 때 가급적 많은 일을 하기 위해 8시쯤 출근을 한다. 딜리전트 로보틱스를 막 설립했던 무렵에는 하루에 10~12시간도 일했다. 그렇지만 지금은 급한 일이 아니라면 아무리 늦어도 저녁 7시에는 퇴근을 한다. "이렇게 균형을 잡기까지 쉽지 않았어요. 일과를 의식적으로 관리하며 우선순위를 결정할 줄 알아야 하죠."(비비안) 한 시간 동안 조깅을 하든 매스 이펙트(Mass Effect) 비디오 게임을 하든 자유 시간을 갖는 것은 하루하루를 즐겁고 건강하게 살아가는 데 꼭 필요하고, 업무 성과로도 이어지기 때문이다. 비비안은 안드레아에게서 자극을 받았는데, 안드레아는 '무조건적인 단절'을 강조하며 매일 오후 5시 30분이면 아이들을 재우기 위해 퇴근한다고 한다.

비비안은 지금도 목시가 사람들에게 어떤 영향을 주고 있는지 체감할 때면 놀란다. 일례로, 목시는 팬들로부터 엄청나게 많은 편지를 받는다. 대부분 어린이 병원의 아이들이 색연필이나 크레용으로 목시 덕분에 즐거운 하루를 보낼 수 있었다는 고마운 마음을 담아 직접 쓴 편지들이었다. "편지를

열어 보면 '고마워, 목시. 사랑해!'라거나 '너를 만나서 정말 기뻐.' 같은 내용이 쓰여 있어요."

비비안은 목시가 새로운 세대의 여성 로봇 공학자에게 영감이 되기를 바란다. 그래서 각종 메이커 프로그램과 여자아이를 위한 과학 기술 행사에 자주 참석한다. "로봇 공학자도 별다른 사람이 아니라는 이야기나 오늘날 로봇이 얼마나 발달했는지에 관한 이야기를 하면 다들 놀라요. 학생들에게 지금까지 제가 겪은 경험을 전하고, 로봇을 개발하는 과정의 즐거움, 로봇 공학이 누구나 직업적으로 도전할 수 있는 분야라는 사실 등을 알리는 건 언제나 신나는 일이죠."

4장

# 기후 행동의 퀸

2019년 봄, 캘리포니아 버클리의 한 연구실 앞, 이산화탄소 전환 기술 기업 트웰브(Twelve, 설립 당시에는 오퍼스 12Opus 12였으나 후에 회사 이름을 바꿨다)의 설립자 에토샤 케이브(Etosha Cave)는 자신이 개발한 식기세척기 크기의 시제품이 트럭에서 내려지는 모습을 초조하게 지켜봤다. 에토샤는 스마트폰으로 시간을 확인했다. 마이크로소프트 공동 창립자이자 억만장자인 빌 게이츠가 도착하기까지 60분을 남겨두고 있었으나, 에토샤는 거의 전혀 준비가 안 된 상황이었다. 에토샤는 자신과 동료들이 만든 리액터를 선보이고 싶었다. 리액터는 공기 중의 이산화탄소를 포집해 플라스틱, 연료, 그 밖의 다른 물질들로 바꾸는 기능을 한다. 에토샤는 이 기계가 빌 게이츠의 주목을 받을 수 있기를 바랐다. 규모를 갖춘다면 전 세계 이산화탄소 배출량의 무려 3분의 1을 상쇄할 수 있는 기계였다. 과연 제시간에 준비를 마칠 수 있을까?

"허둥지둥 대느라 난리도 아니었죠!"(에토샤) 빌 게이츠는 자신이 주인공으로 출연하는 넷플릭스 다큐멘터리의 촬영을 위해 트웰브가 속해 있던 스타트업 인큐베이터의 여러 기업을 방문할 예정이었다. 빌 게이츠가 리액터를 봐주는 것은 어마어마한 일이 될 터였다! 그렇게 1시간을 정신없이 준비한 결과, 마침내 빌 게이츠가 방문했을 때 에토샤와 팀원들은 부드럽게 작동하는 리액터를 선보일 수 있었다. "규모 면에서 볼 때 저희 리액터의 이산화탄소 전환 능력은 여행가방 속에 나무 3만7천 그루가 들어 있는 것과 맞먹어요."(에토샤) 빌 게이츠는 이들 프로젝트의 비전에 동의를 표했다. "이 분야를 선도하는 기업이 될 수 있겠군요." 빌 게이츠가 말했다.

지구는 에토샤의 리액터와 같은 해결책을 요구하고 있다. 그것도 지금 당장 말이다. 기후 변화는 세계적인 현안으로

참고로 에토샤는 넷플릭스 다큐멘터리 〈인사이드 빌 게이츠 Inside Bill's Brain: Decoding Bill Gates〉(2019) 세 번째 에피소드의 10:13 지점에 1초간 등장한다.

저절로 해소될 수 있는 성질의 문제가 아니다. 기후 변화의 가장 큰 요인은 탄소 배출량 증가에 따른 환경 파괴라고 할 수 있다.

간단히 짚고 넘어가자면 메테인, 아산화질소, 오존 등 수많은 기체가 지구의 온실 효과를 일으킨다. 그중 가장 큰 비중을 차지하는 이산화탄소는 전체 온실가스의 75퍼센트에 이른다. 온실가스가 무척 나쁜 물질로 느껴지겠지만, 사실 온실가스 덕분에 지구상의 생명체는 살아갈 수 있다. 온실가스는 태양열을 흡수하되 지나친 열은 다시 우주로 내보냄으로써 태양과 지구 사이의 완충 역할을 하며, 생명체가 생존하기에 적당한 지구 환경을 조성한다. 그렇기 때문에 이들이 하는 기능을 온실 효과라고 부르는 것인데, 개인적으로 나는 '행성 자외선 차단제'라는 별명으로 부른다. 문제는 인류가 화석 연료를 점점 더 많이 사용함에 따라 대기 중 온실가스양이 늘어나고, 그러면서 대기의 자외선 차단 효과가 점차 약해지고 있다는 것이다.

탄소 과부하는 인간의 활동과 직결되며, 자연재해가 느는 근본 원인이다. 이산화탄소 배출량 증가로 인해 최근 지구촌은 허리케인, 토네이도, 홍수 등 극단적인 기후 현상을 겪고 있다. 이산화탄소는 바다의 수온을 높이고, 숲에 산불을 일으킨다. 현재 대기 중 이산화탄소 농도는 인류 역사상 최고치를 기록하고 있다. 글로벌 카본 프로젝트(GCP, Global Carbon Project, 세계 탄소 배출량을 추적하는 국제 과학 협의체)가 2019년 발표한 보고에 따르면 대기 중 이산화탄소양은 431억 톤에 이른다.

이렇게 된 책임은 우리, 그리고 우리의 부모, 조부모, 증조부모에게 있다. 석탄을 태우고 삼림을 벌채하는 것과 같은 인간의 활동으로 대기 중에 배출되는 탄소의 양은 지구상의 모든 화산이 내뿜는 탄소보다 무려 '60배'나 많다.

기후 변화는 실제 상황이며, 끔찍하다. 이미 동물 세계가 기후 변화에 따른 직격탄을 맞고 있다. 2019년에 노르웨이에서는 기온 변화로 순록의 주식인 식물이 모조리 말라 죽

어 200마리 이상의 순록이 아사했다. 2017년 남극에서는 18,000여 마리의 새끼 펭귄이 떼죽음을 당했으며, 아시아에서는 강수량 감소와 점점 더 심각해지는 서식지의 무더위로 인해 새로 태어나는 코끼리 개체 수가 현저히 줄었다.

물론 인간이라고 영향을 피해갈 수 없다. 세계적으로 13명 중 한 명은 천식을 앓고 있고, 동물이 극단적인 기상 여건 때문에 서식지를 옮김에 따라 곤충 매개 감염병이 급격히 확산되고 있다. 2018년 말라리아로 사망한 인구는 40만 5천 명이다. 2010년 170만 명이었던 뎅기열 감염자 수는 2018년 3억 9천만 명으로 증가했다. 세계 보건 기구(World Health Organization)는 지구의 온도가 계속해서 상승한다면 2080년에는 50~60억의 인구가 뎅기열에 걸릴 것으로 예측한다.

무서운 수치들이다. "급박한 상황이라는 인식이 커지고 있어요."(에토샤) 그녀는 날마다 기후 위기에 대해 걱정한다. 많은 사람이 해결책을 모색하고 있다. 2015년에 파리 기후 변화 협약(Paris Climate Agreement)이 체결된 것이 한 예다. 그런데 에토샤가 선호하는 것은 실생활에서 당장 효과를 거두는 방법이다.

대다수 사람은 공장이 토해내는 연기를 보며 우울해하고 미래를 걱정한다. 하지만 에토샤는 그 연기에서 희망, 그리고 기회를 본다. 그 연기를 모두 빨아들일 수 있다면 오늘날 지구를 살아가고 있는 생명체의 삶은 크게 달라질 것이다. 이산화탄소 배출은 엄청난 문제지만, 에토샤는 이산화탄소가 유용하게 활용되는 세상을 그린다. 알다시피 탄소는 우리가 구매하는 수많은 제품의 핵심 성분이다. 비행기, 자동차에서부터 비료에 이르기까지 모든 것을 생산하는 데 사용된다.

에토샤가 노력하는 데는 개인적 이유도 녹아 있다. 그녀는 흑인 저소득층 가정이 밀집해 있는 크레스트몬트 파크라는 텍사스주 휴스턴 교외의 동네에서 자랐다. 각종 석유, 천연가스 폐기물이 버려진 곳이 불과 1킬로미터 떨어진 곳에 있었다. 어머니는 초등학교 과학 교사였고, 아버지는 버스 운전사로 일하다 운송 및 건설 분야의 품질 관리직으로 근무하고 있었다. 에토샤, 그리고 오빠와 남동생은 되도록 폐기장 근처에서는 놀지 않으려 했지만, 완전히 피할 수는 없었다. 그곳

은 텍사스주에서 화석 연료가 과도하게 사용되고 있다는 사실을 여실히 드러내는 증거였다(텍사스주는 석유 화학 공업이 발달한 곳이다). 시간이 지나면서 정유 공장에서 나온 폐기물은 토양과 물에 스며들었고, 지역 주민에게 희귀 암과 여러 질병을 일으켰다. "텍사스에서는 석유와 천연가스, 그리고 이 원료들의 사회적 역할에 대해 귀에 못이 박히게 들어요. 저는 그 영향을 정말 크게 받았고, 거기에서 나오는 폐기물을 뭔가 더 나은 방향으로 활용할 수는 없을까, 하는 생각을 늘 했던 것 같아요."

휴스턴은 항공 우주 산업으로도 잘 알려진 도시로, 에토샤도 어린 시절 우주 비행사를 꿈꿨다고 하니, 그녀는 우주에 간 네 번째 흑인 여성이 됐을지도 모르는 일이다! 하지만 에토샤의 오빠와 남동생은 우주 같은 것에 관심을 쏟는 것보다 노는 걸 좋아했고, 그러면서 에토샤의 관심 분야도 옮겨갔다. "두 사람은 블록을 쌓거나 닌자 거북이(Teenage Turtles) 게임을 할 때가 아니면 저와 함께 놀아주지 않았거든요."

에토샤는 공학에 특화된 마그넷 스쿨(magnet school, 다른 지역 학생을 유치하기 위해 일부 교과목에 특수반을 운영하는 대도시 학교)을 다녔다. 마그넷 스쿨은 미국의 공립 고등학교 중 STEM이나 직업 훈련 같은 특수 목적 커리큘럼을 갖춘 곳이다. 에토샤가 다닌 학교는 정기적으로 휴스턴의 주요 산업체에서 일하는 사람들을 초청해 강연을 열었다. 여기에는 석유나 천연가스, 풍력, 태양열 에너지 부문 산업체가 포함돼 있었다. 예전에도 지금도 텍사스주는 미국에서 풍력 발전기가 가장 많이 설치돼 있는 주다. 그래서 에토샤는 석유나 천연가스뿐 아니라 재생 에너지의 이점에 대해서도 배울 수 있었다. "텍사스는 캘리포니아 같은 녹색 주는 아니지만, 그래도 놀라운 사실이 많아요."

에토샤는 지구 친화적인 에너지 생산 방법에 대해 배운 일이 "재생 가능 에너지 부문의 커리어를 추구하게 된 촉매 역할"을 했다고 한다. 에토샤는 과학과 수학 시간을 좋아하는 학생이었고, 전미 흑인 엔지니어 협회(National Society of Black Engineers)의 일원이었다. "특히 과학을 정말 즐겼어요." 에토샤는 전 과목 A 학점을 받곤 했는데도, 성적에 대해 자신이 없었다. 그래서 성적표가 나오는 날이면 화장실에 숨는 일도 종종 있었다. "친구들한테 놀림을 받을 거라고 생각했죠." 에토샤는 외롭다고 느낄 때가 많았고, 자신이 어디에도 속할 수 없다고 생각했으며, 친구를 사귀는 것도 어려웠다. "과거의 저를 만날 수 있다면 걱정하지 말고 즐겁게 지내라고 말해주고 싶어요."

에토샤는 과학과 세상에 대해 더 많이 알게 될수록 환경에 대한 우려가 커졌다. 여름이 돌아올 때마다 점점 더 강력한 허리케인이 휴스턴을 휩쓸기 시작했고, 사람들은 집을 잃고 망연자실한 와중에 삶을 재건해야 했다. 매년 상황이 악화됐다. 그리고 이 사실은 에토샤를 패닉에 빠뜨렸다. "과거에는 2년마다 홍수가 났었는데, 이제는 매년 홍수가 나는 거예요. 기후 변화의 영향이 가속화되고 있다고 봅니다."

에토샤는 전미 흑인 엔지니어 협회에서 연 콘퍼런스에 참석했다가 MIT(매사추세츠 공과 대학)에서 나온 입학처 직원을 만났다. "대화를 나눠보니 MIT는 온갖 멋진 프로젝트를 진행하고 있는 천국인 거예요. 꼭 들어가야겠다고 마음먹었죠." MIT에 입학하면 많은 걸 얻을 수 있을 것 같았다. 그런데 그녀가 고등학교 2학년 때 프랭클린 W. 올린 공과 대학(Franklin W. Olin College of Engineering)이 매사추세츠에 새로 문을 열었다.

슬쩍 살펴봐도 이 대학은 에토샤가 푹 빠진 MIT를 비롯해 염두에 두고 있던 다른 대학들과 매우 달랐다.

프랭클린 W. 올린 공과 대학은 공학과 창업에 초점을 맞춘 대학이었다. "스타트업 대학이었어요." 에토샤는 프랭클린 W. 올린 공과 대학의 커리큘럼이 마음에 쏙 들었고, 대학의 첫 학부생이 되는 것도 근사한 일인 것 같았다. "앞으로 이 대학이 어떤 모습을 갖춰갈지에 제가 적잖은 기여를 할 수도 있겠다고 생각했죠!" 그렇게 에토샤는 프랭클린 W. 올린 공과 대학에 입학했다. 에토샤와 같은 해에 75명 안팎의 학생이 입학했고, 강의 규모는 작을 수밖에 없었다. 그런데 그 덕분에 에토샤는 큰 주목을 받았다. 흑인 학생은 에토샤뿐이었던 것이다. 에토샤는 자신이 잘하는지 못하는지 다른 학생들이 지켜보고 있다는 불안감을 겪기도 했다. 에토샤는 "두 배 더 잘해야 남과 똑같은 수준으로 보일 것"이라는 말을 부모로부터 끊임없이 들으며 자랐고, 그 압박감이 마음 깊숙이 자리해 있었다.

에토샤는 에너지 문제를 해결하기 위해 자신이 무엇을 할

수 있을지 고민하며 많은 시간을 보냈다. 2006년에 대학을 졸업한 그녀는 남극에 있는 미국의 관측 기지인 맥머도 기지(McMurdo Station)에서 인턴으로 일하며, 나사(NASA)의 레이저 다이오드 실험을 돕기도 했다. 에토샤는 여름 내내 그곳에서 생활했다. 거대한 얼음덩어리와 활화산, 숨 막힐 정도로 푸른 바닷물이 넘실대는 원시 자연을 보며 에토샤는 경외심을 느꼈다.

이후 에토샤는 스탠퍼드 대학으로 가 공학 부문 석사와 박사 학위를 취득한다. 박사 과정 학생에게는 자신이 일하고 싶은 실험실에 대한 선택권이 있었는데, 에토샤는 톰 자라밀로(Tom Jaramillo) 교수의 실험실을 선택했다. 톰 교수는 전기, 물, 특수 금속 촉매를 이용해 이산화탄소를 다른 유용한 기체로 바꾸는 실험을 이끌고 있었다. "산업 폐기물을 가지고 뭔가를 한다는 아이디어에 끌렸던 거죠. 기후 변화 문제를 해결하는 데 큰 역할을 할 수 있을 것 같았어요." 1980년대에 일본 연구원들에 의해 구리를 촉매로 활용하면 이산화탄소를 천연가스의 주성분인 메테인으로 바꿀 수 있다는 사실이 밝혀졌는데, 톰 교수의 연구는 이 전환 기술을 발전시키는 데 초점이 맞춰져 있었다. "이산화탄소를 이용해 천연가스를 인위적으로 만들어낼 수 있다는 이야기예요. 엄청난 일이죠!"

에토샤는 3년에 걸쳐 이 공정을 개선하는 실험에 참여했다. 전 지구적인 온실가스 배출 문제의 해결책을 만들어가는 일은 무척 즐거웠다. 그런데 졸업 날짜가 가까워져 올수록 에토샤는 마음이 뒤숭숭해졌다. 평생 학계에 남고 싶은 바람은 없었다. 에토샤는 연구 결과를 실험실에 머물게 두는 대신 실제 세계에 적용하고 싶었다! 그래서 같은 실험실에 있던 켄드라 쿨(Kendra Kuhl)과 클린 테크(clean tech, 클린 테크놀로지의 줄임말로 환경 오염을 최소화하는 기술을 일컫는다) 관련 네트워킹 행사에서 만난 전기 화학 공학과 학생 니콜라스 플랜더스(Nicholas Flanders)에게 자신의 생각을 전했다. 해로운 이산화탄소 배출물을 유용한 자원으로 바꾸는 일을 같이해 보면 어떨까? 에토샤는 이것이 그저 자신의 희망 사항이 아니라 과학적 근거가 마련돼 있는 아이디어라는 점을 강조했다. 두 사람은 에토샤의 제안에 흥미를 보였고, 곧 세 사람은 팀을 꾸려 2015년, 트웰브를 설립했다.

먼저 일할 공간을 찾아야 했고, 사업에 착수하기 위한 자금도 필요했다. 세 사람은 스탠퍼드 대학의 톰캣 지속 가능 에너지 센터(TomKat Center for Sustainable Energy)로부터 7만 5천 달러의 보조금을 받고, 로렌스 버클리 국립 연구소(Lawrence Berkeley National Laboratory)의 액셀러레이터 사이클로트론 로드(Cyclotron Road)에서 운영하는 프로그램에 합격했다. 환경 분야 혁신가들이 기술을 사업으로 발전시킬 수 있도록 돕는 2개년 프로그램이었다. 이렇게 마련된 실험 공간과 자금은 사업을 시작하기에 모자라지 않았으나, 세 사람분의 생활비를 해결하기에는 부족했다. 게다가 에토샤는 회사를 성장시키기 위해 안달이 나 있었다. 더 많은 사람을 모아 더 많은 일을 하고 싶었다.

그러나 재정 상황을 아무리 다시 살펴도 직원을 채용할 비용이 나올 구석이 없었다. 에토샤의 생활비에서 가장 큰 비중을 차지하는 것은 월세였다. 월세를 안 내는 방법은 없다. 그때 아이디어가 떠올랐다. 에토샤는 곧장 집주인을 만나 월세 계약을 정리한 뒤 이사를 나왔다. 자신의 자동차로 말이다. 보라색 혼다 피트였다. 그녀는 3개월 넘게 헬스클럽이나 친구 집에서 샤워를 한 뒤, 차로 가 잠을 자는 생활을 했다. 차는 실험실 근처의 언덕에 주차했다. 그래서 늘 한적하고 조용했다. "캠핑하기 딱 좋은 곳이었죠."(에토샤)

에토샤 팀은 광합성을 재현하는 실험에 빠르게 착수했다. "식물은 이산화탄소를 흡수해 당으로 바꿔요. 저희는 당 대신 다양한 화합물을 만들어내려고 한 거죠." 에토샤 팀의 켄드라 쿨이 했던 인터뷰 내용이다. 이들이 만든 리액터는 이산화탄소와 물 분자를 분해한 뒤, 그것을 새로운 분자로 재결합한다. 스탠퍼드 대학의 연구실에서는 이산화탄소를 16가지 서로 다른 분자로 전환했지만, 트웰브는 이산화탄소를 플라스틱과 제트 연료, 디젤 연료를 생산하는 데 쓰이는 에틸렌, 합성 가스, 메테인 등 세 가지 물질로 전환하는 데 초점을 맞췄다. "이산화탄소를 대기 중에 버리는 대신 수익을 창출하는 데 활용하는 거죠. 저희의 궁극적 목표는 이산화탄소를 포집해 가치 있는 것들을 생산하는 겁니다."(에토샤)

공기 중에서 재료를 얻어 유용한 자원을 만들어내는 일, 이것은 마법처럼 들리지만 과학의 결정체다. 이들의 연구는 에너지업계의 거물 기업들로부터 적잖은 관심을 받았고, 그

중 서던 캘리포니아 가스(Southern California Gas)로부터 투자를 이끌어냈다. 그리고 에토샤는 다시 집을 얻어 잠을 잘 수 있게 됐다!

현재 트웰브는 2천만 달러의 투자금을 유치했다. 그리고 나사, 셸(Shell, 글로벌 석유 기업), 미국 정부 에너지부 등이 투자자다. 나사의 관심은 화성 대기의 95퍼센트가 이산화탄소라는 데서 비롯됐다. 만일 화성 대기에서 이산화탄소를 뽑아 이것저것 만들 수 있다면, 우주 왕복선의 무게를 줄일 수 있을 것이다. 에토샤의 우주를 향한 꿈이 실현되기까지는 그리 멀지 않아 보인다. "화성에 도착했을 때 필요한 것이 무엇이든 우주 비행사가 지구에서부터 가지고 가지 않아도 되는 거죠. 언젠가는 리액터로 화성 대기를 분해해 플라스틱을 만들 수 있을 거예요."

클린 테크를 발전시키는 데 적극적으로 나서고 있는 사람은 에토샤만이 아니다. 오늘날 지구 환경에 관심을 기울이고 있는 사람은 정말 많다. 그중에는 어린이와 청소년도 있다.

"2020년은 알파 세대에게 전환점이 된 해라고 할 수 있습니다. 알파 세대는 기후 위기에 대한 인식이 훨씬 높아요." 글로벌 홍보 및 커뮤니케이션 에이전시 핫와이어(Hotwire)의 부사장이자 북미 지역 소비재 부문 책임자인 로라 맥도널드(Laura Macdonald)는 말한다.

알파 세대는 대략 2010년 이후에 태어난 세대를 가리키는데, 이들은 20년 뒤의 세상을 만들어나갈 주역이다. 로라에 따르면 이들은 활동가 세대다. "기후 위기가 이들을 움직이게 하죠."

2019년에 로라는 알파 세대, 즉 7~9세 어린이 1,001명의 인터뷰를 조사했고, 그 결과 기술이 이들의 행동주의에 큰 영향을 미쳤다는 데에 주목했다. "아마존의 인공 지능 알렉사와 구글 덕분에 아이들은 무궁무진한 세상에 접근할 수 있어요. 이 아이들은 부모 세대와 달리 하나의 비눗방울 속에서 자라지 않아요. 믿을 수 없을 정도로 다양한 세상을 접하며 자라죠. 그러면서 자신이 살아가는 세상에서 벌어지고 있는 커다란 문제들에 대해서도 알게 되고요."(로라)

이 아이들은 세상의 문제에 큰 관심을 가질 뿐 아니라 실

제 생활에서 어른보다 적극적으로 움직인다. 로라의 보고에 따르면 재활용을 자기 자신에게 중요한 일이라고 인식하는 밀레니얼 세대는 22퍼센트인 데 비해 알파 세대는 38퍼센트로 더 많다. 또 알파 세대는 이미 95퍼센트가 기후 재앙을 막기 위해 싸우고 있으며, 90퍼센트가 지구의 환경에 대해 몹시 우려하고 있다.

"자녀를 어른처럼 대우해주고, 함께 기후 위기 문제를 이야기하는 부모가 많아졌어요."(로라) 로라에 따르면 알파 세대의 의견은 미래를 위해서도 중요하지만, 놀랍게도 현재에도 무척 중요하다. 아이들은 투표는 할 수 없을지 모르지만, 그들이 말하는 것은 가정 내에서 큰 무게를 지닌다. "저희는 알파 세대를 양육하는 부모의 25퍼센트가 물건을 구매하기 전에 자녀의 의견을 묻는다는 사실을 알게 됐어요." 장난감에서부터 텔레비전에 이르기까지 모든 것을 살 때 말이다.

다른 스타트업들도 클린 테크에 초점을 맞추고 있다. 만만한 분야는 아니다. 제품으로 구체화하기까지 개발 시간이 오래 걸리기 때문에 투자자들이 매력을 느끼지 못하는 것도 한 이유다. 클린 테크 부문의 투자액은 2011년에서 2016년 사이에 75억 달러에서 52억 달러로 약 30퍼센트 감소했다.

✧

아클리마(Aclima)의 CEO 데이비다 헤르츨(Davida Herzl)은 2008년부터 샌프란시스코의 대기질 데이터를 수집해왔다. “기후 변화와 관련한 사항들이 시기나 규모 면에서 막연한 추정치를 바탕으로 논의되는 상황이 불만스러워서 이 회사를 시작하게 됐죠.” 기후 위기 문제를 말하는 사람은 굉장히 많지만, 데이비다는 상황을 바꾸기 위해 적극적으로 뭔가를 하는 사람은 그다지 보지 못했다고 한다. “우리가 천연자원을 보다 균형 있게 사용할 수 있도록 도와줄 도구가 필요하단 뜻이에요.”

대기질 데이터 수집은 데이비다가 오랫동안 생각해온 아이디어였다. 데이비다는 공장 최적화를 주력 사업으로 여러 업체를 경영하는 아버지를 보며 자랐다. 그는 종종 데이비다를 데리고 원료 공급과 제품 조립이 이루어지는 공장을 방문하곤 했다. “온실가스를 배출하는 원천과 그 가스들이 지역사회 및 환경에 어떤 영향을 미치는지까지 알 수 있는 적나

라한 경험이었죠."(데이비다)

큰 그림을 보면 누구나 오염된 공기로 인한 피해를 볼 수밖에 없다. 세계 보건 기구에 따르면 우리 세대가 가장 많이 걸리는 질병은 대기 오염과 관련한 질병인데, 세계 인구의 92퍼센트가 건강에 나쁜 공기를 호흡하고 있기 때문이다. 끔찍한 일이다. 그리고 대기 오염이 가장 심한 곳은 저소득 유색 인종이 살아가는 지역인 경우가 수두룩하다.

우리가 마시는 공기의 성분이 무엇인지부터 알아야 한다. "우리는 하루에 2만 번 숨을 쉬어요. 그런데 그 공기 속에 뭐가 있는가에 대해서는 미처 생각이 닿지 않죠."(데이비다)

미국의 대다수 주와 도시가 대기질 관측소를 운영한다. 그런데 이 관측소들은 넓은 지역에 띄엄띄엄 위치해 있다. 아무도 도시 한 구역 한 구역의 대기 오염을 측정하려 하지 않았다. 데이비다는 이것이 큰 실수라고 생각했다. "공기 질은 구역 단위로 달라져요. 지구촌 규모의 데이터는 갖고 있으면서, 세세한 지역별 데이터는 놓치고 있었던 거죠."

아클리마에서 데이비다가 이끄는 팀은 50퍼센트가 여성이며 BIPOC(Black·Indigenous·People Of Color의 줄임말로, 흑인·원주민·유색 인종을 일컫는다)로, 스마트 센서, 일명 '지구를 위한 웨어러블 기기'를 개발하기 위해 애쓰고 있다. 이들은 대기 오염 물질에서부터 온실가스까지 모든 것을 측정한다. 데이비다는 사무실이나 교실 환경을 측정하기 위한 실내용 소형 붙박이 센서를 개발하는 데서부터 시작했다. "사람들이 온종일 시간을 보내는 장소에 관한 유의미한 데이터를 제공하기 위해 설계한 장치였어요." 로스앤젤레스의 학교들은 아클리마의 센서를 통해 어느 구역의 공기 오염이 가장 심각한지 파악한 뒤, 보다 성능이 뛰어난 공기 청정기를 설치했다. "당연히 측정 결과가 있어야 관리도 할 수 있는 것 아니겠어요?"

2014년, 콜로라도주 덴버에서 아클리마는 시범적으로 구글 스트리트 뷰 차량 세 대의 차창에 모바일 센서를 부착했다. 이 차들은 한 달 동안 1,200킬로미터를 달렸고, 운행 내내 도심 곳곳의 대기 질을 측정했다. 최종적으로 수집된 데이터 지점은 1억 5천만 개에 이르렀다. 무척 감격스러운 결과였다. 이제 도시에서 스모그와 오존 문제가 발생하는 위치를 정확히 특정할 수 있게 된 것이다. 도심 구역별 데이터가 구축되면 대기 질이 심각한 수준에 계속해서 머물거나 온실가스 배출이 끊이지 않는 곳을 알 수 있다. 이에 따라 시 정부도 일회성 문제인지, 아니면 지속해서 발생하는 문제인지를 파악하는 것이 가능하다. 데이터를 기반으로 기후 악당을 색출한 뒤 사업 허가를 변경하거나, 특정 지역에 대한 예산을 늘릴 수 있을 것이다. "말 그대로 이렇게 세세한 조치는 이전에는 이루어질 수 없었어요."(데이비다)

2020년, 구글 어스 아웃리치(Google Earth Outreach, 구글 어스의 자원을 공익 목적으로 활용할 수 있도록 지원하는 구글의 프로그램) 및 구글 지도와 제휴를 맺은 아클리마는 수많은 구글 스트리트 뷰 차량에 센서를 장착해 캘리포니아주 곳곳을 누비며 대기 질 지도를 구축하도록 했다. 데이비다는 이제 시작일 뿐이라고 말한다. "지금은 공기 질만 측정하고 있지만, 앞으로는 저희의 센서 망이 수질을 비롯해 갖가지 지표를 측정할 수 있는 서비스로 확장되기를 바라고 있어요."

에토샤와 데이비다는 각자의 목표에 도달하기 위해 부지런히 나아가야 할 것이다. 그렇지만 이들은 올바른 길 위

에 서 있다. 에토샤는 장기적으로 세상의 모든 공장에 자신이 개발한 리액터가 도입되기를 희망한다. "공기 중으로 배출하는 대신 저희 시스템을 활용하면 다른 자원으로 바꿀 수 있으니까요. 이것이 제가 꿈꾸는 더 큰 비전이에요." 쉽지 않은 일이 될 것이다. 특히 아무런 대가를 치르지 않고 기체 폐기물을 대기 중으로 배출해온 공장주들이 전환 서비스에 대한 비용을 지불하도록 그들을 설득해야 하기 때문이다. 또 리액터가 이산화탄소를 전환하는 과정에 많은 양의 재생 불가능한 전기와 물이 소요된다는 사실도 해결해야 하는 과제다. 그렇지만 에토샤에 따르면 이건 일시적인 과제다. "저희는 미래에는 재생 가능한 전기가 아주 저렴해질 것이라고 봅니다."(에토샤) 에토샤가 과학 기술을 완벽하게 구현하기 위해 노력하는 동안, 기후 활동가가 나머지 부분을 위해 애써줄 것이다.

에토샤는 건강한 지구를 되찾고 싶은 바람이지만, 100퍼센트 확신하지는 못한다. "기후 변화의 영향을 되돌릴 시간이 아직 우리에게 있기를 바라요. 하지만 기후 변화가 너무 빨리 벌어지고 있어서 우리의 대응이 늦은 것은 아닐까 걱정되는 것도 사실이에요." 그러나 에토샤가 나사와 함께 진행하는 프로젝트 및 관련 연구를 보면 에토샤는 우리에게 우주로 한 걸음 더 나아가는 방식의 대비책까지 마련해주고 있다.

5장

# 교도소를 새롭게 프로그래밍하라

2019년 초, 샌프란시스코 출신의 빨간 머리 소프트웨어 공학자 클레먼타인 저코비(Clementine Jacoby)는 노스다코타주 교도소 감독관 리앤 버치(Leann Bertsch)가 일을 하는 동안 리앤의 뒤를 따라다녔다. 그러면서 리앤이 보고서를 검토하고, 직원들과 문제 상황을 논의하고, 온갖 정부 기관의 문의에 대응하는 모습을 지켜봤다. 다른 교정 시설 관련 종사자와 달리, 리앤은 새로운 접근법을 시도하며 교도소 행정 시스템을 21세기에 걸맞은 모습으로 개혁하는 데 열린 태도로 앞장섰다. 노스다코타주의 재소자 수는 약 1,300명으로, 주 인구 대비 수감률이 미국에서 네 번째로 낮다. 그런데 여러 까닭으로 인해 미국의 모든 재소자가 이들과 같은 경험을 하는 것은 아니다.

대부분의 미국 교도소 재소자는 그저 식사, 교육 프로그램 참석, 수감 등 일련의 일정을 따라 이동하는 식으로 실내 생활을 한다. 그런데 노스다코타주의 교도소에서는 수감자를 수감자라고 하는 대신 생활자라고 하고, 이름으로 부른다. 주황색 죄수복도 보이지 않는다. 이들은 감방 대신 기숙사에서 생활하며, 각자 자기 방의 열쇠를 지닌다. "리앤은 스칸디나비아식 교도소 시스템을 미국에 더욱 높은 수준으로 도입하기 위해 애쓰고 있어요."(클레먼타인) 이와 같은 시스템은 노르웨이에서는 당연한 것이며, 노르웨이는 전 세계에서 범죄율과 재범(교도소 출소 후 또 다른 범죄를 저지르는 것)을 저지르는 확률이 가장 낮은 국가 중 하나다. "사람을 비인격적으로 대우하면서 갱생을 바라는 것은 어불성설이에요." 리앤이 한 인터뷰에서 한 말이다.

클레먼타인은 리앤이 하는 일을 존경하며 신뢰하고 있었고, 그런 만큼 보다 개선할 수 있는 부분들이 눈에 들어왔다. "몇 날 며칠 직접 쫓아다녀보니 가석방 담당관이 하는 일이

얼마나 까다로운지 조금 알겠더라고요. 진짜 쉽지 않은 일이에요! 100명도 넘는 인원을 감독해야 하고, 감독하는 데 요구되는 사항도 전부 제각각이니까요." 클레먼타인이 보기에 대다수 교도관과 직원 들은 어떤 전략이 효과가 있는지에 관한 최신 정보를 갖고 있지 않았다. 연구원들이 조사를 하긴 하나 이들의 보고서는 1년에 한 번 나올까 말까였고, 바로 적용 가능한 것이 아니었다. "한마디로 재소자들이 변화할 수 있도록 동기를 부여할 방법에 대한 이해가 부족했어요." 그리고 이 부분이 바로 클레먼타인이 실력을 발휘할 수 있는 부분이었다.

미국의 형사 사법 체계가 엉망진창이라는 것은 비밀도 아니다. 유색 인종에게 불리하게 작용하고 있기 때문이다. 유색 인종이 기소돼 형을 선고받는 비율은 백인에 비해 높다. 동일한 범죄를 저지른 백인에 비해 19.1퍼센트 긴 형량을 받기도 한다.

사법 체계의 초점이 갱생이 아니라 처벌에 있기 때문에, 정상 참작 사유에 대한 이해와 공감 부족으로 정신 질환자를 교도소에 수감하기도 한다. 독방에 감금하거나 비인도적으로 대우하고, 임부의 경우 다리에 쇠고랑을 찬 채 무장 교도관의 감시하에서 출산해야 하는 등 무수한 문제 상황이 벌어지고 있다. 우리는 현재 복역 중인 여성의 80퍼센트가 비폭력 범죄로 입소한 사람들이라는 사실을 참작해야 한다. 게다가 점점 더 많은 여성이 현행 사법 체계로 인해 고통을 겪고 있다. 1980년 이래로 교도소에 수감된 여성의 수는 700퍼센트 이상 증가했다.

오늘날 미국 인구는 세계 인구의 약 4.4퍼센트에 불과하나, 세계 수감 인구의 22퍼센트가 미국인이다. 그 어느 나라보다도 수감률이 높다. 이 같은 사회는 미국 헌법에 명시돼 있는 공정과 정의를 좇는 사회라고 볼 수 없다. 만약 이 상황이 바뀌지 않는다면, 우리는 수감이 일상화된 나라에서 살게 될 것이다. 개인의 권리란 올바른 피부색과 두둑한 은행 잔고를 갖춘 사람들의 전유물이 되고 말 것이다.

낡고 인종 차별적인 법률, 불안과 중독에 시달리는 재소자들의 치료권과 심리 치료사의 부족, 개별 사정을 염두에 두지 않는 구식 시스템과 절차 등, 미국 형사 사법 체계의 문제점은 한둘이 아니다.

이 문제들을 해결하기 위해 노력하고 있는 지혜롭고 의식 있는 사람들도 많다. 라스트 마일(Last Mile)은 남성, 여성, 청소년 재소자를 위해 코딩 교육 프로그램을 제공한다. 석방된 뒤 일자리를 구할 길을 열어주는 것이다. 또 텍사스주에는 재소 중인 어머니와 딸이 다시 결합하고 가족 관계를 지속할 수 있도록 돕는 프로그램인 걸 스카우트 비욘드 바(Girl Scouts Beyond Bars)가 있다.

그러나 이 모든 기획과 프로그램들이 교정 시설 간에 서로 활발히 소개되고 있지 않은 실정이다. 예컨대 재범률을 떨어뜨리기 위한 시도로서 일정 시간 동안 교도소에서 복역하는 대신 동물과 함께 일을 하라는 형을 선고하는 텍사스주의 파일럿 프로그램(그리고 실제로 재범률을 70퍼센트 감소시켰다!)에 대해 캘리포니아의 판사는 들어본 적도 없거나 잘 모를 가능성이 크다.

클레먼타인은 엉망이라고 생각했다. 서로 소통하지 않으면 효과적인 전략이 있어도 어떻게 알 수 있겠나?

출소자의 사회 적응을 막는 또 다른 요소는 기술적 요인에 의한 가석방 취소다. 이는 재소자가 가석방 기간 중 지켜야 할 규칙을 위반하는 것을 가리킨다. 법률이 아니라 규칙 말이다. 규칙 위반은 자동차 번호판을 잘못 다는 것에서부터 약속된 프로그램에 참석하지 못하는 것(설령 기름 값이 없었다 해도 참작되지 않는다) 등 다양하다. 규칙을 어기면 가석방자는 곧바로 교도소로 다시 보내진다. 오늘날 교도소에 수감돼 있는 사람 중 25퍼센트, 즉 수백만 명이 기술적 요인에 의한 가석방 취소로 그곳에 있다. "이 같은 방침은 누구에게도 도움이 되지 않으며 단지 더 많은 고통으로 이어질 따름이에요." 클레먼타인은 생각했다.

그리고 이것이 바로 클레먼타인이 2018년, 많은 사람이 꿈꾸는 구글 엔지니어로서의 삶과 부수적으로 따라오던 공짜 케이크, 커피(구글 카페테리아는 직원에게 무료로 음식을 제공한다), 또 스웨그를 포기하고 비영리 단체 레시디비즈(Recidiviz)를 공동 설립한 까닭이다. 실제 사회에서 벌어지고 있는 이 문제를 해결하기 위해 본격적으로 나서기로 한 것이다. 레시디비즈의 모토는 개인 차원에서도 정부 차원에서도 정보에 접근할 수 있는 가능성을 높이고, 이 정보를 기반으로 행동을 변화시키는 것이다. 데이터가 없으면 어떤 상황이 얼마나 효과적인지, 또는 효과적이지 않은지 제대로 알 수 없다. 그리고 클레먼타인은 이 프로젝트를 진척시키는 과정에서 구글 팀의 빈틈없는 지원을 받았다!

클레먼타인에게 이 프로젝트는 개인적인 일이기도 했다. 그녀가 5살 때, 당시 21살이던 외삼촌이 체포됐다. 그는 22년형을 선고받고, 아이다호주 교도소에 수감됐다. 클레먼타인은 온 가족이 슬퍼했고, 특히 어머니가 많이 울었던 것을 기억한다. "가족 전체가 큰 충격을 받았죠." 클레먼타인의 어머니는 외삼촌을 가능한 한 자주 방문했다. 유타주에 있는 집에서 아이다호주의 교도소까지는 차로 8시간이 걸렸다. 그런데 클레먼타인은 그를 만나는 것이 허락되지 않았다. 직계가족만 면회가 허용됐기 때문이다. 클레먼타인은 외삼촌의 자녀가 아니므로 외삼촌을 만날 수 없었다. 되도록 많은 방문객을 만나는 것이 재소 기간 중 정신적 안정을 찾는 데 도움이 됨에도, 많은 주가 이와 유사한 면회 제한 방침을 갖고 있다.

가족들은 만나기만 하면 이 문제를 이야기했다. 온 가족이 중산층으로서 여유로운 삶을 살았는데, 과거와 현재를 통틀어 외삼촌만 수감돼 있었다. 그리고 외삼촌이 석방됐을 때 그의 나이는 43살이었다. 아이폰을 써본 적도 유튜브를 본 적도 프라푸치노를 마셔본 적도 없었다. 그는 클레먼타인의 유년 시절 내내 갇혀 있었다. 외삼촌의 석방으로 가족과 친척이 모두 모여 풍선과 케이크가 준비된 성대하고 들뜬 가족 상봉의 시간을 가졌다.

그런데 클레먼타인의 삼촌은 이상하고 새로운 지금의 세상을 어떻게 헤쳐 나가야 할지 몰랐다. 문제가 되풀이되는 데는 가지가지 요인이 있다. 사람들은 그가 들어본 적 없는 단어들을 썼다. 모든 것이 종이 한 장 없이 디지털로 이루어졌다. 몇 달 후 그는 벌금을 내는 것을 잊어버렸고, 이는 가석방 시 준수 규칙에 위배되는 것이었다. 그는 곧바로 교도소로 다시 보내졌다. 클레먼타인의 어머니는 망연자실했고, 클레먼타인은 답답하고 화가 났다. 충분히 막을 수 있는 일이었다. 그녀의 어머니에게도, 그녀의 외삼촌에게도, 또 재정난에 허덕이며 과밀한 인원을 감당해야 하는 교도소 입장에서도 부당한 일이었다.

외삼촌의 가석방과 재수감은 되풀이됐고, 희망을 품었던

가족들은 점차 체념했다. 클레먼타인은 이러한 상황에서도 외삼촌과 많은 시간을 보낼 수 있는 것이 행운이라는 사실을 알았다. 백인 중산층 남성은 가석방 기간에 소수 인종 집단 출신만큼 과도한 감시를 받지 않았기 때문이다. 클레먼타인은 외삼촌이 고전을 겪는 것을 목격하며 미국의 형사 사법 체계에 대해 더욱 큰 관심을 갖게 됐다. (가족의 개인 정보 보호를 위해 세부 내용은 변경했다.)

"한 번 교도소에 수감되고 나면 재수감되기가 얼마나 쉬운지, 그리고 완전히 출소하는 것이 얼마나 어려운 일인지 깨닫자, 형사 사법 체계를 개혁하는 데 일조하고 싶다는 소망을 품게 됐죠. 그렇게 어렵게 만들어둔 까닭을 알아내고 싶기도 했어요."(클레먼타인)

클레먼타인은 미국의 사법 체계 전반을 꿰고 있지는 않았지만, 사법 체계가 제대로 작동되지 않고 있다는 것만은 분명히 느꼈다.

다만 이때는 아직 어떻게 접근해야 할지를 몰랐다. 고등학생 때 클레먼타인은 예술 활동에 관심이 있었고, 특히 춤과 글쓰기를 좋아했으며, 저널리즘 분야에서 일하고 싶다고 생각했다. 클레먼타인은 스탠퍼드 대학에 지원했다. "정말 마음에 들었어요. 일단 교외의 컨트리클럽이라 해도 손색이 없는 곳이니까요." 클레먼타인은 첫 학기 교양 수업 시수를 채우려고 컴퓨터 공학 입문을 들었다.

그리고 깜짝 놀랐다. 가장 기본적인 구성 요소만 남을 때까지 작업을 단순화시키는 점 등 컴퓨터 공학은 글쓰기와 무척 비슷했다. "컴퓨터 공학의 바탕이 되는 논리 사슬이 진짜 매력적이었어요!" 클레먼타인은 관련 수업을 듣고 또 들었고, 그러다 보니 의도치 않았지만 소프트웨어 엔지니어가 되기 위한 길을 걷고 있었다.

하지만 그녀는 여전히 예술에 끌렸고, 대학 2학년 때 '교도소에서 춤을'이라는 춤 수업을 신청했다. 수업을 이끈 교수님은 수요일마다 형사 사법 연구에 관한 내용을 가르친 뒤, 학생들이 그날 배운 내용을 바탕으로 자유롭게 토론하도록 유도했다.

"제가 하는 일의 기초가 이때 형성된 거라고 할 수 있어요. 외삼촌을 통해 경험한 바가 있긴 했지만, 이 수업에서 처음으로 이 주제를 전체적으로 파악하고 이해할 수 있었으니까

요."(클레먼타인) 그리고 금요일이 되면 청소년 교정 시설에 가서 그곳에 있는 십대들에게 춤을 가르쳤다. 교수님은 학생들에게 지켜야 할 규칙을 일러줬다. 우선 옷은 트레이닝복이나 배기 청바지, 루즈핏 티셔츠 같은 헐렁한 옷을 입어야 했는데, 빨간색이나 파란색은 금지였다. 미국에서는 갱단을 연상시킬 수 있는 색상이기 때문이다.

철망의 존재가 생전 처음 어색하게 느껴지는 순간이었다. "춤을 가르치긴 가르쳤지만, 짝을 지어 춰야 하는 춤은 출 수가 없었죠."(클레먼타인) 아이들의 동작을 고쳐줘야 하든 탱고를 출 때든 신체 접촉은 금지돼 있었다. "그래서 주로 라인 댄스나 힙합을 췄어요. 상호 작용이 거의 필요 없는 춤들이죠." 헐렁한 옷을 입고 있어서 동작이 제대로 드러나지 않아 아이들에게 춤을 가르치는 것이 힘들었지만, 아이들은 춤을 출 때 굉장히 행복해하며 곧잘 따라왔다. 한 주에는 클레먼타인이 수업을 이끌게 됐다. 음악을 선택하는 것도 그녀의 몫이었으나, 교도소의 승인을 받아야 했다. 그 사실을 철망 안에서 생각하다 보니 소름이 돋는 것 같았다. "수감자들이 스스로 내릴 수 있는 결정이 거의 없다는 사실을 깨닫자 섬뜩한 기분이 들었어요. 일어나는 것, 운동하는 것, 잠을 자러 가는 것, 먹는 것, 모두 지시에 따라야 하니까요."(클레먼타인)

"얼마나 열정적인지, 제 대학 동기를 떠올리게 하는 아이들도 잔뜩 있었어요."

클레먼타인은 이론상 알고 있던 사항들을 직접 보니 많은 문제가 절실히 와 닿았다. 아이들이 십대였기 때문에 더욱 안타깝기도 했다. 당시의 클레먼타인보다 아주 조금 어릴 뿐이었다. "일반적으로 좋은 결정이든 나쁜 결정이든 스스로 수많은 결정을 내리고, 그러면서 배워 나가야 하는 시기잖아요. 인지 발달상 꼭 필요한 때를 놓치고 있는 것 같았어요."

졸업과 동시에 클레먼타인은 구글에 프로덕트 매니저로 채용됐다. "공학에서 재미있는 부분만 쏙쏙 뽑아 모아 놓은 직무 같았죠." 클레먼타인은 팀이 모여 함께 일하고, 설계하고, 다 같이 뭔가를 창조하거나 작업을 관리하는 일 모두 즐거웠다. "구글의 놀라운 점은 젊은 직원에게도 상당히 큰 임무를 맡긴다는 거예요. 그만한 권한을 대학을 갓 졸업하고 온 신입 직원에게 주는 기업은 별로 없어요."

3년이 흐른 뒤, 클레먼타인은 다시 형사 사법 정의에 대해

떠올렸고, 강연이나 워크숍에 참석하는 등 시간을 쏟기 시작했다.

구글은 80 대 20 법칙으로 유명하다. 업무 시간 중 80퍼센트는 주어진 프로젝트를 수행하는 데 쓰고, 20퍼센트는 자신이 하고 싶은 프로젝트를 수행하는 데 쓰라는 것이다. "책임자에게 이야기하면 대부분 사전 승인을 얻어요." 이 제도는 클레먼타인에게 사법 영역에서 자신이 어떤 역할을 할 수 있을지 발견하는 완벽한 기회가 됐다. 클레먼타인은 비슷한 관심을 지닌 다른 직원과 팀을 이룬 뒤, 함께 회의와 워크숍 진행을 했다.

그런데 이 주제에 관한 회의에 나가고 논문을 읽을 때마다 반복적으로 떠오르는 문제가 있었다. 바로 정보의 문제였다. "저희가 이해할 수 없는 근본적인 데이터 격차가 있었어요."(클레먼타인) 좌파와 우파를 막론하고 누구나 사회에 위협이 되는 사람들을 감금한다는 데만 초점을 맞추고 있었고, 그러면서 이렇다 할 시스템의 진척을 이룬 사람은 없었다. 관련 정보를 취합하는 미 법무부 사법 통계국이 보고서를 발간하는 속도는 더뎠고, 애초에 필요한 모든 데이터를 모으지도 못했다.

그러던 차에 클레먼타인은 형사 사법 체계의 미래를 설계하기 위해 워싱턴에서 이틀간 열린 고위급 회담의 결과를 접했다. "무엇이 작동하는지, 어디에 투자해야 하고 어느 방향으로 나아가야 하는지, 개선을 위해서는 어떻게 벤치마킹을 해야 하는지를 판단할 데이터가 미국은 부족한 상황이라는 내용이었어요."

클레먼타인은 작은 프로젝트를 시작했다. 적어도 클레먼타인은 작은 프로젝트라고 생각했다. 여러 교정 체계와 시설의 데이터를 연결하는 오픈 소스 코드 기반을 구축한다는 아이디어였다. 클레먼타인은 가석방이나 갱생 프로그램 등을 포함해 카운티(우리나라의 군郡과 비슷한 하위 행정 조직이다) 단위의 데이터까지 아우르고자 했다. "시간이 지남에 따라 점점 더 많은 데이터가 모였고, 그걸 바탕으로 실시간으로 열람이 가능한 역사적인 데이터 기반을 만들어낼 수 있었어요."

이 데이터 기반은 뮤지컬 〈해밀턴〉(미국 초대 재무 장관 알렉산더 해밀턴의 일생을 그린 뮤지컬이다)의 노래 가사를 인용하자면, '아무도 모르던 소시지가 만들어지는 과정'을 재소자의 가족

과 사법 제도 개혁 옹호자 들에게 알리는 데 도움이 될 터였다. 그런데 실상은 충격적이었다. 형사 사법 체계 바깥의 사람들뿐 아니라 체계 내에서 일을 하고 있는 사람들도 이 데이터를 이용하고 싶어 했다. “직원들조차 궁금하고 답답한 게 이만저만이 아닌데 참고할 데이터가 없는 상황이었던 거예요!”

클레먼타인이 접촉한 주 교정 시설 중 한 곳의 담당자는 재범 방지를 위해 90여 가지의 프로그램을 운영하고 있지만, 그중 1년에 3개의 프로그램에 대해서만 평가를 진행할 여력이 된다고 말했다. “30년은 지나야 2019년도에 효과가 있었던 프로그램이 무엇인지 알 수 있다는 얘기죠.”

그리고 양형을 결정하는 사람들에게는 양형에 관한 포괄적 정보가 없었다. 이 무렵이 그녀의 티핑 포인트이자 레시디비즈의 시작이었다. 클레먼타인은 자신이 다음으로 해야 할 일을 깨달았다. 이후 5개월 동안 그녀는 두 가지 일을 병행했다. 새벽 5시에 일어나 오전 10시까지 레시디비즈의 업무를 처리한 뒤, 그때부터 저녁 8시까지 구글에서 근무하고, 그때부터 새벽 2시까지 또다시 레시디비즈 관련 일을 했다.

클레먼타인은 자신의 구상을 믿고 지지하는 사람들로부터 약간의 투자금을 확보할 수 있었고, 그 돈으로 4명의 엔지니어를 고용해 레시디비즈 업무의 진척 속도를 높였다. "정말 그 생활을 어떻게 버텼는지 모르겠어요!"

클레먼타인은 2019년에 Y 콤비네이터(Y Combinator)가 초기 단계 스타트업을 지원하기 위해 운영하는 하계 프로그램 참가 허가를 받으면서 구글에서 퇴사한 뒤, 레시디비즈에 전념하기 시작한다. 와이 콤비네이터는 아주 뛰어난 액셀러레이터로 레딧, 트위치, 에어비앤비, 드롭박스 등을 가장 먼저 발굴한 기업이었다. 클레먼타인은 자신만큼 열심히 일하는 사람도 없다고 생각했지만, 오산이었다. "마치 컨베이어벨트 위에 올라가 있는 것 같았어요. 신속하게 반복하고 성장하는 데 상당히 집중해야 했죠!" 기술은 빠르게 달라지는데, 과연 미국의 주들이 그 속도를 따라갈 수 있을까?

"저희는 함께 일하고 있던 주들을 훨씬 빨리 움직일 방법을 찾았어요." 3개월간의 프로그램이 끝날 때쯤, 클레먼타인이 함께 일하는 주는 노스다코타주에 더해 아이다호주, 켄터키주, 미주리주, 펜실베이니아주가 있었고, 그 밖에도 4개 주가 관심을 드러낸 상태였다. "저희는 정부 기술과 소비자 기술의 차이를 세심하게 파악해야 했어요."(클레먼타인) 클레먼타인의 비전은 여러 주에서 발간하는 장기 정책 결과에 대한 평가로까지 확장됐다. "레시디비즈는 이제 오랫동안 축적돼 온 형사 사법 부문 데이터에 접근해 과거 프로그램들의 결과를 오늘날의 정책 입안자와 실무자가 확인할 수 있도록 지원하고 있어요."

"사실 이 중 어느 것도 민간 부문에서라면 어렵거나 복잡한 사항이 아니에요. 그런데도 형사 사법 체계에서는 마련돼 있지 않았던 거예요." 클레먼타인은 이 자료들이 너무 거칠어서 유용하게 쓰일 수 없을까 봐 걱정도 했다. "충분히 활용될 수 있다는 걸 판명하는 데만 다섯 달이 걸렸죠." 다음으로, 클레먼타인은 예방에 초점을 맞췄다. "어떻게 하면 더 많은 사람이 교도소에 가는 것을 막을 수 있을까요?"

클레먼타인의 외삼촌은 벌금 미납으로 가석방이 취소됐다. 주 정부 차원에서 보면 그는 가석방 취소자 목록에 오른 하나의 숫자에 불과했을 것이다. 정부는 그 이상 그에 대해 알지 못한다. 당일 약물 치료를 받았나? 식사를 했나? 도와

줄 사람이 있었나? 이와 같은 가석방이 철회된 인물에 대한 정보를 확보하면 주 정부가 유사한 사례가 재발하는 것은 방지하기 위한 계획을 마련할 수 있다. 예를 들어, 정신 건강상의 문제로 가석방이 취소되는 사람들이 줄을 잇는 상황이라면, 주 정부는 그들에게 도움이 되는 프로그램을 더욱 많이 도입하는 것이 좋다.

그런데 클레먼타인은 이보다 깊이 들어가고 싶었다. 정신 건강 문제 해결책이 필요하다는 데에 누구나 동의하더라도, 주 정부가 배정할 수 있는 예산은 한정돼 있다. "지금은 효과에 대한 진단이나 평가 없이 이런저런 정책이 마구잡이식으로 추진되고 있어요. 18~24살 청년에게 가장 효과적인 프로그램을 도입해야 한다고 생각해요." 이것이 데이터 분석을 통해 드러난 인구 통계학적 특성이라면 그렇게 하는 것이 적절하지 않을까?

이 분야에서 여성으로서 일하기란 쉽지 않았다. 더군다나 클레먼타인은 붉은색 머리카락이 물결처럼 곱슬거려 에이미 애덤스(미국의 유명 영화배우)와 갈라드리엘(영화 〈반지의 제왕〉 시리즈에 나오는 요정)을 반씩 닮은 것처럼 눈에 띄었다. 또 머리를 땋는 것, 분홍색 청바지를 좋아하고 에어리얼 체조(손이 바닥에 닿지 않도록 하며 주로 다리의 힘을 이용해 움직이는 체조)를 즐기는 사람이다. "제 인생의 두 길, 그러니까 기술과 형사 사법은 모두 대단히 백인 남성 중심적인 분야죠. 힘겨울 때도 있지만, 처음부터 계속해서 남성 위주 분야에서 경력을 쌓아왔다 보니, 아무래도 익숙하고 노련해졌달까요."

✧

사법 부문에서 변화를 일으키고 있는 여성은 또 있다.

2017년, 페드라 엘리스 램킨스(Phaedra Ellis-Lamkins)와 다이애나 프래피어(Diana Frappier)는 합심해서 컴퓨터 공학을 바탕으로 애플리케이션 프로미스(Promise)를 개발했다. 미국에서는 연간 840만 명의 사람들이 형을 선고받기 전에, 즉 무죄 추정 상태일 때 보석금을 낼 돈이 없어 구속되는데, 이러한 사람들을 식별하고 궁극적으로 도움을 주기 위해 만든 애플리케이션이었다. "미국답지 않고, 정의롭지 못한 일입니다." 페드라가 〈포브스〉 기자에게 말했다. "자녀를 돌보거나 직장에 나가려면 집으로 돌아가야 하는데 보석금을 마련할 여유는 없고, 그렇다 보니 자신이 저지르지 않은 죄를 시인할 가능성도 있습니다."

페드라와 페드라의 여동생은 인구가 채 3만 명이 되지 않는 캘리포니아주 소도시인 수순 시티에서 자랐다. 끼니조차 해결하기가 쉽지 않은 한 부모 가정이었다. 그러다 어머니가 노동조합 직원으로 정식 고용되면서 세 사람의 삶은 나아졌다. "빈곤한 생활에서 벗어나는 것만큼 세상에서 기쁜 일도 드물 거예요." 페드라가 TV 정치 뉴스 해설자이자 백악관 전 대변인 빌 모이어스(Bill Moyers)와의 인터뷰에서 한 말이다.

유년 시절의 기억은 인생에 큰 영향을 미쳤고, 페드라는 세상을 더 나은 곳으로 만들기 위해 환경, 빈곤 퇴치, 사법 분야에서 노력해왔다. 페드라는 경제적 정의와 클린 에너지 경제를 위해 싸우는 비영리 단체 그린 포 올(Green For All)이나 노인을 위한 자택 돌봄 서비스를 제공하는 스타트업 오너(Honor)의 경영에 참여하기도 했다. 심지어 '한때 프린스로 알려졌던 아티스트(The Artist Formerly Known as Prince, 1980년대 미국 팝 음악계를 이끈 뮤지션 프린스가 소속사와의 분쟁으로 자신의 이름을 사용할 수 없었던 시기에 사람들이 그를 이렇게 불렀다. 프린스는 2016년에 생을 마감했다)'의 매니저로 활동한 경력도 있다. 와우, 프린스라니!

그린 포 올에서 페드라는 형사 변호사이자 엘라 베이커 인권 센터(Ella Baker Center for Human Rights)의 공동 설립자인 다이애나를 만났다. 두 사람은 추구하는 가치가 비슷했기 때문에 금세 가까워졌다. 페드라는 미국에서 살아가는 유색 인종으로서 대량 투옥(mass incarceration, 미국 형사 사법 체계의 핵심 원칙으로, 되도록 많은 범죄자를 교도소에 오래 격리함으로써 사회 안전을 도모할 수 있다는 논리이나 범죄 예방 효과에 대한 논란과 유색 인종을 대상으로 차별적 법 집행을 부추겨왔다는 비판이 잇따르고 있다)으로 고통받는 흑인 공동체를 많이 알고 있었다. 그리고 다이애나는 법정에서 불의에 맞서 싸우고 있었다. 두 사람은 미국의 형사 사법 체계 개선을 위해 프로미스(Promise)를 설립했다.

그리고 먼저, 보석금 제도를 개혁하기 위해 나섰다. 보석금 제도는 형사 권력의 명백한 남용이라는 판단에 따른 것이었다. "석방을 위해 지불할 돈이 없다는 이유로 재판 전에 구금되는 수많은 사람을 돕는 것이 제일 먼저 해야 할 일이라는 생각이 들었어요."(다이애나) 숫자는 거짓말을 하지 않는다. 미국에서 구치소와 교도소에 수용돼 있는 사람의 수는 약

230만 명이다. 이에 더해 450만 명가량이 가석방 또는 집행유예 상태다. 그런데 보석금을 낼 수 없을 만큼 가난할 뿐 아무런 범죄를 저지르지 않았음에도 구치소에 구금되는 사람이 한 해에만 830만 명에 달한다.

페드라는 프린스의 소개로 알게 된 유명 래퍼 제이지(Jay-Z)와 그가 운영하는 음악 에이전시 락 네이션(Roc Nation)으로부터 투자를 이끌어냈다. "페드라가 개발하고 있는 것은 수백만 명에게 '모든 사람을 위한 자유와 정의'를 되찾아 줄 애플리케이션이죠." 제이지가 대중에 밝힌 내용이다. 제이지는 오랜 기간 대량 투옥에 반대해왔다. 흑인 어린이 9명 중 한 명은 부모가 교도소에 있다. 그리고 이 사실은 가족들에게 상처를 입힌다. "착취적인 보석금 산업을 그대로 둔 채 미국의 망가진 형사 사법 체계가 나아지기를 바랄 수는 없는 노릇입니다. 깊고 중대한 문제들에 대해 지속 가능한 해결책이 돼줄 진보적이고 혁신적인 기술이 필요한 때입니다." 제이지는 〈타임〉 사설에 이렇게 썼다. 제이지의 지지 덕분에 프로미스는 본격적인 활동에 착수하는 데 필요한 4백만 달러를 확보할 수 있었다. 프로미스 애플리케이션은 재판일, 소송 과정, 규칙 준수 상황 등의 개별화된 데이터를 제공한다. 따라서 교정 담당자들은 감독 프로그램의 효과를 살필 수 있는 한편, 가석방 중인 사람들은 이렇게 시각화된 데이터를 바탕으로 더 나은 의사 결정을 할 수 있다.

정의를 추구하는 노력은 여러 형태로 나타난다. 2016년, 오클랜드 출신의 라티노(Latino, 미국에 거주하지만 영어가 아닌 에스파냐어를 사용하며 독자적 문화를 형성하는 사람들) 엔지니어인 로라 몬토야(Laura Montoya)는 아셀.AI(Accel.AI)를 설립했다. 아셀.AI는 AI 개발 기업으로, 유색 인종이 AI 기술 부문에 진입할 수 있도록 교육하는 프로그램도 운영하고 있다. 로라는 AI 도구가 미래에 미치는 사회적, 윤리적 영향에 큰 관심을 두고 있으며, 편견이 없는 AI 도구를 개발하고자 한다. 이는 반드시 달성돼야 하는 목표다. 2018년에 미국 판사들이 사용한 AI 도구는 유색 인종에 차별적인 경향을 띠는 것으로 드러났고, HP사가 2009년도에 출시했던 이미징 소프트웨어는 아시아인의 얼굴을 인식하지 못한 바 있다. "기술은 그것을 만든 사람들을 반영하죠."(로라) 제품 설계에 참여하는 사람이 다양할수록 모두에게 더 좋은 결과가 탄생한다. 이것이 로라가

콜롬비아 출신 이민 2세대로서 자신의 새로운 나라에 헌신하는 방법이다.

아직 이 스타트업들 중 미국의 형사 사법 문제를 해결한 곳은 없다. 어느 한 기업의 노력으로는, 아니, 100개가 넘는 기업이 함께 노력한대도 쉽사리 해결하기 어려운 문제이기 때문이다. 그러나 이들은 조금씩 변화를 일으키고 있다. 이들은 내부에서 벌어지고 있는 일의 실체를 바깥 사람들에게 보여준다. "우리 사회는 재소자들을 간단히 비인간화해요."(클레멘타인) 뉴스에 크게 보도되는 사건들은 보통 최악의 사건들이다. '주차 위반 벌금을 세 차례 미납해 구속된 네 아이의 어머니'는 뉴스에 잘 나오지 않는다. 하지만 이것이 바로 교도소에서 벌어지고 있는 현실이다.

2019년 9월, 노스다코타주는 형사 사법 정책과 집행의 효율성을 재고하기 위해 레시디비즈와 협력한다고 공식 발표했다. "레시디비즈의 기술을 활용함으로써 공공 안전을 도모하고, 시민의 삶을 향상시키고, 세금을 절약할 수 있을 것으로 기대한다." 노스다코타 주지사 더그 버굼(Doug Burgum)이 발표한 내용이다. 레시디비즈와 노스다코타주 정부는 가석방된 사람들이 재수감되지 않도록 막는 데 중점을 두고 있다. 담당관들은 이제 매일 보호 관찰 프로그램의 효용성에 대한 보고를 받는다. "출소자의 사회 복귀율을 높이는 것이야말로 모두에게 득이 되는 전략입니다. 범죄 발생이 줄고, 사회로 돌아온 시민들의 삶이 개선되며 그들이 속한 지역 사회가 발전하고, 교도소 운영을 위해 과도하게 세금을 지출하는 것을 막을 수 있습니다."(리앤 버치 감독관)

그리고 레시디비즈는 성장 중이다. 2020년 1월, 레시디비즈는 미국 전체 수감자의 9.5퍼센트에 해당하는 인원의 데이터를 관리했고, 앞으로 이 수치는 더 커질 전망이다. 레시디비즈는 직원의 62퍼센트가 여성이다. "모두 뜻을 같이하는 최고의 인재들이에요!" 이들은 사법 시스템에 돌풍을 일으키기 위해 계속해서 노력하고 있다.

"저희는 커다란 퍼즐의 작은 한 조각이라고 생각해요. 비영리 단체의 성장을 위해서는 온 마을이 필요하죠. 하지만 저는 미국 형사 사법 체계의 미래를 책임성과 투명성, 그리고 혁신성 면에서도 낙관적으로 기대해도 괜찮다고 생각해요."(클레먼타인)

✧

실수를 저지른 사람들에 대한 우리의 입장을 바꾸지 않으면서 사회의 진전을 앞당기기란 쉽지 않을 것이다. 거의 모든 사람은 인생의 두 번째 기회를 가질 자격이 있다. 생각하는 데 그치는 대신, 말하자. 그리고 행동으로 옮기자. 더 나은 미래가 실현되려면 우리의 도움이 필요하다. 변화란 언제나 지금 이곳에서, 여러분과 함께 시작하는 것이다.

10년 후에는 레시디비즈, 프로미스, 아셀.AI가 존재하지 않을 수도 있다. 그렇지만 클레멘타인, 페드라, 다이애나와 로라는 계속해서 정의, 공정, 평등의 가치를 이루기 위해 활발히 활동하고 있을 것이라 장담한다. 그리고 이들 기업으로부터 도움을 얻은 사람들에게 그 도움이란, 그들이 당시 삶에서 바란 모든 것 그리고 그 이상이었을 것이다.

6장

# 영감을 준 여성들

앞서 나온 훌륭한 여성들에게 틀림없이 큰 영감을 줬을 또 다른 여성들의 업적을 소개하고, 그들에게 경의와 감사를 표하고 넘어가는 것이 마땅하다는 생각이 든다.

이 여성들은 방관하기를 거부하고, 남성에게만 발언권이 있는 가부장적 질서에 맞섰으며, 불가능해 보이는 문제를 해결하고자 뛰어들어 과학의 진보를 이끌었다. 이번 장과 다음 장에 나오는 여성들은 아마 여러분이 잘 알고 있는 인물일 것이다. 그렇지만 이들의 공적은 몇 번이고 되풀이해 말해야 한다.

먼저 기꺼이 노고를 아끼지 않아 우리가 살아가는 세상을 더 나은 곳으로 만들고, 마침내 역사책에 당당히 이름을 올린 여성들을 만나보자.

## 라우라 바시(Laura Bassi)

마리 퀴리가 노벨상을 받기 200년 전인 1711년 10월 31일, 이탈리아 과학자 라우라 바시가 태어났다. 바시는 과학에 매료됐고, 배움을 얻을 수 있는 모든 길에 최선을 다했다. 바시는 여성으로서 유럽에서 두 번째로 박사 학위를 취득했으며, 첫 번째로 대학 강단에 섰다. 바시는 물리학과 교수로서 뉴턴의 이론을 이탈리아에 전파하는 등 상당한 업적을 이뤘고, 교황 베네딕토 14세가 후원하는 25인의 학자 명단에 특별히 이름을 올렸다. 바시는 그중 유일한 여성이었다. 라우라 바시는 시대를 앞서간 스타였고, 이탈리아를 비롯한 전 세계 수많은 여성 청소년에게 롤 모델이 되고 있다.

## 마리 퀴리(Marie Curie)

마리 퀴리는 1867년 11월 7일 폴란드 바르샤바에서 태어났다. 그녀는 가능한 한 많은 지식을 습득하며 유년 시절을 보냈고, 십대 때는 대학에 입학할 수 없는 여성들을 위한 지하 교육 단체 '플라잉 유니버시티(Flying University)'에 다니며 공부했다. 이들은 경찰의 감시를 피해 매번 다른 장소에서 비밀리에 수업을 했다.

1891년, 마리는 파리로 가 소르본 대학에서 물리학과 수학을 전공했다. 그리고 그곳에서 물리학자인 피에르 퀴리를 만나 1895년에 결혼했다. 함께 방사능을 연구한 마리와 피에르는 그 공로를 인정받아 1903년에 노벨 물리학상을 공동 수상한다. 마리는 폴로늄과 라듐이라는 두 가지 원소를 발견했다. 폴로늄은 조국인 폴란드의 이름을 따고, 라듐은 스스로 빛을 내는 성질을 지녔다는 뜻을 담아 지은 이름이었다. 그리고 1911년에 두 번째 노벨상을 받았는데, 이번에는 화학상이었다. 마리 퀴리의 선구적 업적은 암 치료의 새 시대를 열고, 우리가 살아가는 세상이 오늘날과 같은 모습을 갖추는

데 이바지했다.

## 소피 제르맹(Sophie Germain)

소피 제르맹은 1776년 4월 1일에 프랑스 파리에서 태어나, 프랑스 혁명기에 성장했다. 혼란에 빠진 사회에서 할 수 있는 활동은 제한적이었고, 소피는 아버지의 서재에서 책을 닥치는 대로 탐독하며 대부분의 시간을 보냈다. 지식의 저변이 넓어지면서 소피는 과학에 끌리고 있는 자신을 알아차렸다. 소피는 뉴턴의 저작을 읽기 위해 라틴어와 그리스어를 배웠다. 그녀의 부모는 남성의 영역인 고등 학문을 익히고 연구하고자 하는 딸을 못마땅해 했다. 그래서 밤에 서재의 난로를 때지 못하게 하거나 담요를 빼앗으면서까지 소피의 열정을 꺾으려 했다. 그러나 소피의 결심은 굳건했고, 가족이 잠자는 시간을 틈타 낡은 담요를 덮고, 작은 초에 불을 밝힌 뒤, 수학 공부에 매진했다.

18살이 된 소피는 이제 과학 대학 에콜 폴리테크니크(École Polytechnique)의 강의 노트를 구해 공부했다. 그녀는 특히 큰

명성을 떨치고 있던 천문학자이자 수학자 조제프 루이 라그랑주(Joseph Louis Lagrange)의 연구에 푹 빠졌다. 자신이 여성이라는 걸 알면 상대해주지 않으리라 생각한 소피는 가명을 만들어 그에게 서신을 보냈다. 소피의 통찰력에 깊이 감탄한 라그랑주는 소피가 여성이라는 사실을 알게 됐음에도 자신의 제자로 인정했다. 성별과 상관없이 소피의 지성을 높이 평가한 것이었다. 소피 제르맹은 정수론과 페르마의 마지막 정리를 해결할 단초를 제공하는 등 수학의 발전에 큰 기여를 했다.

## 마리아 마르가레타 빙켈만

## (Maria Margaretha Winckelmann)

1670년 2월 25일 독일에서 태어난 마리아 마르가레타 빙켈만은 아버지로부터 수학을 향한 열정을 고스란히 물려받은 것 같았다. 루터교 목사였던 마리아의 아버지는 자신의 딸도 교회에 나오는 다른 남자아이들과 다를 바 없이 교육을 받아야 한다고 생각했다. 마리아는 십대가 되면서 이웃에 살고 있던 저명한 천문학자 크리스토프 아놀드(Christoph Arnold)를 스승으로 천문학을 배우기 시작했다. 아놀드는 마리아에게 천문학자이자 수학자인 고트프리트 키르히(Gottfried Kirch)를 소개해줬고, 두 사람은 부부가 되었다. 마리아는 남편 키르히를 통해 계속해서 배움에 정진했고, 견습생 역할에 이어 그의 조수 생활을 했다. 두 사람은 함께 하늘을 관측하고 별의 운행을 계산하며, 달력과 성도(星度)를 제작했다. 매일 밤 9시가 되면 마리아는 하늘을 올려다봤고, 끝없는 우주의 광대함에 압도되곤 했다. 그러던 어느 날, 마리아는 '1702년 혜성'을 관찰한다.* 그렇게 마리아는 역사상 혜성을 발견한 최초의 여성이 됐다. 남편이 사망한 후, 마리아는 계속해서 일하고 싶다는 의사를 전했으나 대학은 그녀를 내쫓았다. 하지만 그녀는 연구를 멈추지 않았다. 오늘날 마리아 마르가레타 빙켈만은 '1702년 혜성'을 발견한 사실과 1709년부터 1712년 사이에 토성, 금성, 목성, 그리고 태양을 관찰한 뒤 쓴 자세한 논문으로 잘 알려져 있다.

* 혜성의 이름은 발견자의 이름을 따서 짓는 경우가 많은데, 예전에는 발견된 연도를 넣어 짓기도 했다.

✧

이 네 사람은 과학의 발전에 중대한 공헌을 하고, 인류를 미래로 이끈 수많은 여성 과학자 중 극히 일부다.

7장

# 미래는 바로 지금이다

많은 사람의 롤 모델로 자리매김한 6장의 여성 과학자들처럼 이번 장에도 우리 미래를 만드는 데 핵심 역할을 하고 있는 여성들이 나온다. 이들은 우리가 의학, 지구, 나아가 세상을 보는 시각을 획기적으로 변화시키고 있다. 지금까지 이 책은 식품, 로봇 공학, 그리고 사법 분야에서 활약하는 멋진 여성들을 소개했다. 아마 들어본 적이 없는 인물들이었을 것이다. 7장의 여성들은 그보다 친숙한 인물들도 있으리라 생각한다. 이들의 활동 덕분에 많은 사람이 혁신에 도전하고, 앞장서 목소리를 내고, 과학 분야에 뛰어드는 일에 전보다 관심을 갖고 쉽게 다가설 수 있게 됐다.

## 하시니 자야틸라카(Hasini Jayatilaka)

스리랑카인인 하시니 자야틸라카가 암을 주제로 펼친 TED 강연을* 들으면 온몸의 감각이 살아나는 기분이다. 강연은 자기 자신 또는 사랑하는 사람이 이 치명적인 병과 맞서 싸워야 할 때 누구나 휩싸일 수밖에 없는 불안과 공포에 관한 이야기로 시작한다. 그리고 강연 막바지, 그녀는 뜻밖의 격려를 보낸다. 모든 사람에게는 인류가 암과 맞서 싸우는 것을 도울 슈퍼 파워, 우리가 상상할 수 있는 그 어떤 위험보다도 강력한 슈퍼 파워가 있다는 것이다. "우리 인간은 협력이라는 슈퍼 파워를 통해 의학과 과학 분야에서 놀라운 발견을 해왔습니다."

스탠퍼드 의과 대학에서 박사 후 연구원으로 활동하고 있던 자야틸라카는 팀원들과 함께 암세포가 인체에 퍼지도록 유발하는 일종의 신호를 발견한다. 자야틸라카는 이 신호를 차단함으로써 암의 전이 과정을 늦추고 암 환자의 생존율을

* https://www.youtube.com/watch?v=jeFAFXQlhm4

높이는 방법을 개발했다. 그녀는 자신의 업적에 대해 자부심을 표하는 동시에 그 업적은 모든 팀원이 공동으로 이룬 것이라는 점을 강조한다. "협력은 우리 모두에게 이로운 슈퍼파워입니다. 혼자서는 절대 할 수 없는 훨씬 커다란 무언가를 창조할 수 있도록 우리를 북돋우고, 그 결과 세상은 더욱 살기 좋은 곳으로 나아가죠."

## 나스린 무스타파자데(Nasrin Mostafazadeh)

나스린 무스타파자데는 과학자로서 우리가 로봇 공학과 인공 지능을 더욱 잘 이해할 수 있도록 도우려 노력하는 중이다. 어릴 때 무스타파자데는 컴퓨터 앞에 앉아 프로그래밍하는 법을 배우는 시간을 제일 좋아했다. 소프트웨어라는 장난감을 이용해 인류가 갖가지 위대한 성취를 해왔다는 사실이 신기하고 재미있었다. "소프트웨어를 개발해 인간의 작업을 자동화할 수 있다는 개념이 매력적이었어요." 현재 그녀는 엘리멘탈 코그니션(Elemental Cognition)의 AI 선임 연구원으로, 인간 언어의 복잡성을 이해하는 AI 시스템을 개발하기 위해 박차를 가하고 있다. 왜 그리고 어떻게 특정 사건이 일어나게 됐는지 인간의 '상식'을 활용해 설명할 수 있는 수준으로까지 말이다. 무스타파자데는 AI 시스템이 주요 질병에 대한 치료법 개발을 촉진할 수 있는 기반이 되기를 바란다. "AI는 만만치 않은 분야예요. 지금도 겨우 실마리를 얻기 위해서만도 할 일이 태산 같아요. 그렇지만 이게 바로 제가 선택한 일이에요."

## 어텀 펠티에(Autumn Peltier)

어텀 펠티에는 깨끗한 물을 마실 인간의 기본 권리를 지키기 위해 싸우는 15살의 활동가다. 펠티에는 캐나다 원주민 위퀨콩족(Wiikwemkoong)으로* 북부 온타리오주, 지구에서 가장 아름답고 깨끗한 호수 중 하나인 휴런호 곁에서 자랐다. 그런데 펠티에는 자신이 운이 좋다는 것을 알았다. 세계 곳곳에서 수많은 사람이 깨끗한 물을 구하지 못해 발을 구르고 있

* 위퀨콩(Wiikwemkoong)은 위크웨미콩(Wikwemikong)이라고도 씁니다. 실제 부르는 발음은 위퀨콩 또는 위크메콩에 가깝습니다.

었기 때문이다. 펠티에는 자신이 나서서 도와야겠다고 결심했다. 펠티에는 물 보호의 중요성을 알리는 데 평생을 헌신한 이모할머니, 조세핀 만다민(Josephine Mandamin)의 삶으로부터 큰 영향을 받았고, 8살 때부터 깨끗한 식수에 대한 보편적 권리 옹호 활동을 시작했다. 11살 때는 쥐스탱 트뤼도 캐나다 총리를 만나 그가 승인한 송유관 건설 사업에 대한 항의의 뜻을 전했다. 송유관이 건설되면 펠티에의 부족 및 다른 공동체들이 사용하는 식수원도 오염이 불가피한 터였다. 곧이어 펠티에는 뉴욕으로 가 유엔 총회에 참석했고, 유엔의 '지속 가능한 발전을 위한 국제 물 행동 10개년(International Decade for Action on Water for Sustainable Development)'과 관련해 인간의 물에 대한 권리를 주장했다. "물은 우리 어머니와 같은 지구의 생명선입니다. 물은 사고팔 수 있는 것이 아닙니다. 우리 모두에게는 물에 대한 권리가 있습니다, 우리는 물이 없으면 살아갈 수 없습니다."

## 마리 코페니(Mari Copeny)

'리틀 미스 플린트(Little Miss Flint)'로 세상에 이름을 알리게 된 마리 코페니는 13살의 물 활동가로, 미시간주 플린트시의 수많은 가족이 깨끗한 물을 공급받을 수 있도록 하기 위해 싸웠다. 마리와 이웃들은 생수를 사지 않으면 깨끗한 물을 얻을 수 없는 환경에 있었고, 마리는 더 이상 문제를 보고만 있을 수 없다고 생각했다. 그러나 자신의 가족에게 아무런 도움을 주지 않는 플린트시의 무능한 공무원과 정치인 들을 보며 어떻게 해야 할지 알 수가 없었다. 그래서 마리는 수자원 위기를 주제로 열리는 미 의회 청문회에 참석하기 위해 워싱턴으로 갔다. 또 마리는 오바마 대통령이 플린트시의 수돗물 오염 사태를 해결하는 데 도움을 줄 것이라는 희망을 품고 그에게 방문을 요청하는 편지를 보냈다. 마리도 대통령이 자신의 편지를 받을 가능성은 천문학적으로 낮다는 것을 알고 있었다. 그런데 청문회가 있은 지 6주 후, 마리의 어머니는 오바마 대통령의 전화를 받는다. 마리의 편지를 읽었으며, 플린트시를 방문해 마리를 만나고 싶다는 내용이었다.

오바마 대통령의 플린트시 방문은 전 세계에 보도됐고, 마리는 50만 달러가 넘는 기부금을 모았다. 이 기부금은 플린트시를 포함한 여러 지역의 어린이 약 25,000명의 삶의 질을 개선하는 데 쓰였다. 마리는 이와 같은 모금 행사 및 전 세계 어린이를 위한 깨끗한 물 지키기 캠페인 활동에 꾸준히 참여해, 어려움에 처한 사람들이 건강하고 충만한 생활을 꾸리는 데 꼭 필요한 깨끗한 물, 그리고 학용품, 장난감, 자전거 등 그 밖의 물품들을 전달해왔다. 최근에는 오염된 수돗물로 고통받는 지역에 정수용 최신 필터를 공급할 수 있도록 한 수돗물 필터 기업과 파트너십을 체결하기도 했다.

## 그레타 툰베리(Greta Thunberg)

언뜻 보기에 그레타 툰베리는 평범한 십대 여자아이이다. 툰베리는 과학자가 아니다. 정치인도 아니다. 대학 졸업장도 없다. 그러나 툰베리에게는 목소리가 있었다. 그리고 그 목소리는 한 세대의 목소리, 나아가 우리 지구의 목소리가 됐다. 툰베리는 8살 때 아스퍼거 증후군 진단을 받았다. 이 증후군

이 있는 사람은 특정 분야에 놀라운 집중력을 발휘하는 경우가 많은데, 툰베리는 지구 전체가 직면한 문제를 날카롭게 파고들기 시작했다. 2019년 〈타임〉과 진행한 인터뷰에서 툰베리는 "내가 다른 사람들과 똑같았다면 계속 지내던 대로 지내며 기후 위기 문제를 보지 못했을 것"이라며, 아스퍼거 증후군 덕분에 "몇 시간이고 앉아 관심 있는 것들을 읽을 수 있는 능력"을 지니게 됐다고 밝혔다. 인터넷상의 잘못된 정보와 정치 지도자들이 현실을 부정하는 행태를 참을 수 없었던 툰베리는 세상이 기후 위기를 바라보는 시각을 바꾸는 것을 자신의 사명으로 삼았다. 툰베리는 솔직하고 열정적인 행보로 기후 운동의 선봉에 서게 됐다. 이를 바탕으로 그녀는 세계 지도자들과 교류하며, 더 나은 미래를 위해 꼭 필요한 변화를 외치고 있다. 툰베리는 많은 사람이 미래를 잃게 될까 봐 걱정한다. 그러나 자신과 비슷한 사람들, 지구의 미래를 염려하며 행동을 실천하고 있는 똑똑하고 현명한 사람들이 세상을 더 나은 방향으로 바꿀 수 있을 것이라는 희망도 품고 있다.

✧

다른 많은 목록처럼 세상에 충분히 널리 알려지지 않은 멋진 여성 목록도 이보다 훨씬 길다. 그리고 이 목록은 탐구심이 왕성하고 이제 막 자신의 과학적 잠재성을 깨닫기 시작한 젊은 여성 인재들 덕분에 나날이 길어지고 있다. 이들은 과학전람회에 출품하기 위한 첫 프로젝트를 준비하고 있거나, 틱톡에 올리려고 기후 변화에 대한 인식을 높일 수 있는 노래를 부르고 있을지도 모른다. 이 책은 지금의 열 배 분량도 거뜬히 될 수 있다. 하지만 그렇대도 세상의 멋진 여성 목록 중 1퍼센트도 싣지 못할 것이다.

## 나오며:
## 생각해볼 것

사람들에 대한 호기심을 줄이고 아이디어에 호기심을 가져라.

**_ 마리 퀴리**

침묵을 강요당하면 목소리의 중요성을 깨닫게 된다.

**_ 말랄라 유사프자이** 여성 인권 운동가

10년 후 세상이 어떤 모습으로 변해 있을지 상상하기란 쉽지 않다. 지금 이 순간에도 기술은 엄청난 속도로 발전하고 있으며, 그 속도는 더욱더 빨라지는 중이다. 과학계에서는 세상을 놀라게 하는 발견이 있은 지 몇 주 채 지나기도 전에 또 다른 새로운 발견 소식이 들려온다. 이 책은 지구상의 모든 사람이 더 나은 미래를 살아갈 수 있도록 세상을 변화시키기 위해 놀라운 일을 하고 있는 수많은 여성 중 극히 일부(**#와우**)의 이야기일 뿐이다.

다정한 로봇이 돌아다니는 병원, 실험실의 유리 접시에서 영양분을 가득 머금고 탄생한 맛있는 '새우'와 '생선'을 즐기는 사람들, 그리고 코딩으로 자신만의 장난감을 만들어 재미있게 놀며 자라나는 젠더 비순응, 여성, 남성 어린이들을 머릿속에 그려보자. 전보다 공정해진 사법 제도 하에서 유색인종과 원주민이 지나친 처벌을 받는 악습은 없어질 것이며, 정신 건강이나 생계 기반이 취약한 출소자들에게는 사회 복귀를 돕는 정신 건강 회복 프로그램이나 직업 훈련을 제공할 것이다. 오염 물질을 즉각 탄소와 생분해성 플라스틱으로 바꾸는 기술을 바탕으로 우리는 (바라건대) 공장에서 배출되는 이산화탄소량을 제로로 만들 수 있을 것이다. 또 경제적 배경과 무관하게 누구나 깨끗한 공기를 누릴 수 있으며, 지저분하고 위험한 일은 로봇이 전부 대신해줌으로 사람들은 자신이 하고 싶은 중요한 일에 더 많은 시간을 쏟을 수 있을 것이다. 막연한 희망 사항이 아니다. 이는 지금 우리에게 있는 과학 기술이 조금 더 발달하면 모두 현실화될 일이다. (바로 이 책에 나오는 인물들이 만들어가고 있는 기술들이다.)

**나이와 상관없이 우리 모두 미래를 만드는 데 자신만의 역할을 할 것이다.**

**지금은 여러분의 시대다. 오늘날 어린이와 청소년 들은 유사 이래 그 어느 때보다도 큰 힘을 갖고 있다.**

이미 어린이와 청소년이 세계적 차원의 정책에 영향을 끼치고 있다. 그레타 툰베리, 엠마 곤잘레스(Emma González, 총기 참사 생존자이자 총기 규제 활동가), 알렉산드리아 비야세노르(Alexandria Villaseñor, 기후 활동가) 같은 활동가들이 정부에 과학자의 이야기를 경청하라고 호소하고, 여러 나라에 유엔아동권리협약에 따른 의무 사항을 위반한 혐의를 묻기 위해 유엔에 진정서를 제출하는 등 자신들이 믿는 가치를 위해 힘을 합쳐 싸우고 있다.

이들의 기후 변화, 총기 규제 그리고 과학에 대한 열정은 오바마 미국 전 대통령, 할리우드 배우 젠데이아, 리즈 위더스푼, 엘런 드제너러스, 엠마 왓슨, 오프라 등과의 개인적 교류로 이어졌다. 미국에서도 머잖아 여성 대통령이 탄생할 것이다. 이미 적잖은 국가의 지도자가 여성이었거나 여성이다. 여성은 현재 세상을 움직이는 담론을 이끌고 있다. 우리는 아직 해야 할 일이 산더미다. 고위직 여성이 더 많아져야 하고, 과학과 기술 부문의 다양성을 끌어올려야 하며, 정치 부문의 여성 대표성을 증진시켜야 한다. 하지만 나는 우리가 곧 그런 세상에 이를 것임을 믿어 의심치 않는다. 그리고 그 세상을 이룰 주체는 여러분이다. **#멋지다**

엠마 왓슨은 말했다. "여성이라고 해서 똑똑해지는 것을 겁낼 이유가 없습니다."

# 한마디 더

여러분이 이 책을 즐겁게 읽었길 바랍니다. 처음부터 끝까지 애정을 담아 쓴 책이거든요. 여성 청소년, 젠더 비순응 청소년, 그리고 남성 청소년(남성들과의 연대도 반드시 필요하다)에게 누구나 STEAM 세계에 발을 들일 수 있다는 사실, 그 경로는 요리, 로봇 공학, 네일 아트 등 무궁무진하다는 사실을 보여주고 싶었어요.

이 책의 멋지고 당당한 여성들에 대한 더 자세한 이야기는 웹사이트 www.zarastone.net/thefutureofscienceisfemale나 페이스북 페이지 www.facebook.com/thefutureofscienceisfemale에서 관련 사진 및 영상과 함께 만나볼 수 있습니다.

그리고 어떤 피드백이든 환영해요! 이 책이 재미있었다면 트위터(@almostzara)나 인스타그램(@almostzara) 또는 아마존 리뷰 페이지나 제 메일 계정(zara@zarastone.net)으로 알려주면 좋겠어요. 재미가 없었다면, 그 까닭도 이야기해줬으면 해요. DM도 언제나 받고 있어요. 지금까지 읽어준 독자 여러분에게 감사의 마음을 전합니다!

나는 다른 누가 아니라 바로 나 자신이다. 여러분도 마찬가지다.

_ **시몬 예츠** 발명가, 유튜버

흔쾌히 시간을 내어 자신의 이야기를 들려주고 실험실을 소개해준 멋진 과학자들에게 감사의 인사를 전해요. 이 책은 여러분으로부터 영감을 얻어 탄생했어요. 여러분의 놀라운 발견이 없었다면 애초에 나올 수 없었을 테죠. 저는 여러분의 노력과 성취를 보고 이 책을 꿈꿨으니까요.

동료들과 샌프란시스코 **#writerpod** 모임, 친구들이 보내준 응원, 우정, 그리고 엄청난 양의 아이스크림이 없었다면 이 책을 완성하기 어려웠을 거예요. 여러분이 기꺼이 피드백을 해주고 아낌없이 통찰력을 나눠줬기 때문에 문장을 고치고, 뉘앙스를 다듬고, 이야기의 리듬을 찾을 수 있었어요.

제가 글을 쓸 수 있는 훌륭한 공간이 돼준 샌프란시스코의 작가 공동체, 라이터스 그로토(Writers Grotto)도 고마워요. 그리고 이 책을 쓰는 고비 고비마다 놀라운 능력을 발휘하고 아낌없는 격려를 보내준 편집자 휴고 빌라보나와 망고 퍼블리싱 팀의 모든 분에게도 감사드려요. 특히 편집자님은 이 책의 가치를 알아보고 길잡이가 돼줬으며, 더없이 세심하게 피드백을 해주었죠. 보자마자 감탄할 수밖에 없었던 아름다운 표지를 그려준 화가 저메인 라우에게도 특별한 감사를 전합니다. 또 언제나 멋진 새드 아이릭, 제로투, 고마워요. 두 사람의 지지가 없었다면 이 책과 같은 작품은 나올 수 없었을 거예요.

끝으로 호기심을 가지고 꿈꾸며, 앞으로 나아갈 독자 여러분에게 가장 큰 감사의 마음을 전하고 싶습니다.